人间值得，未来可期

甄知 编著

中国商业出版社

图书在版编目(CIP)数据

人间值得，未来可期 / 甄知编著. -- 北京 : 中国商业出版社，2021.10

ISBN 978-7-5208-1761-5

Ⅰ. ①人… Ⅱ. ①甄… Ⅲ. ①人生哲学-通俗读物 Ⅳ. ①B821-49

中国版本图书馆 CIP 数据核字(2021)第 173253 号

责任编辑：谭怀洲　王彦

中国商业出版社出版发行

010-63180647　www.c-cbook.com

(100053　北京广安门内报国寺 1 号)

新华书店经销

三河市众誉天成印务有限公司印刷

* * * * *

880 毫米×1230 毫米　32 开　5 印张　116 千字

2021 年 10 月第 1 版　2021 年 10 月第 1 次印刷

定价：36.00 元

* * * * *

(如有印装质量问题可更换)

前言

非常欣赏这样一句话：生活明朗，万物可爱，人间值得，未来可期。确实如此，人活着，最主要的不是昨天，而是现在和充满希望的未来。所以，有什么开心不开心的事情，睡一觉也就过去了，何必要苦苦纠结于那些已经发生而我们又无法改变的曾经呢？

有些人天天抱怨，认为生活对他们来说就是一种折磨，经常挂在嘴边的一句话就是“人间不值得”。这些人的眼睛似乎更愿意关注那些他们得不到的事物，却忽视了自己所拥有的。有的时候，人很奇怪，往往要到失去后，才懂得珍惜。其实，幸福早就在你面前，只是你没有发现而已。肚子饿的时候，有一碗热腾腾的面放在你面前，就是幸福；累得筋疲力尽的时候，有一张软软的床，就是幸福……只要用心去感受，身边的点滴都可以带给你幸福。

所以，不必怀念过去，也不要羡慕他人，只要珍惜你的拥有，为自己的拥有感到骄傲，你就能发现身边的幸福。

珍惜现在的拥有，其实并非安于现状，而是要有一颗对过去和现在感恩，对未来充满希望的心。对尚未到来的事情，不要总是表现出忐忑不安的样子，而要心存期望地看待未来。有时候，命运会受控于我们的思想，如果自己希望将来发生好的事情，那么到后来就很有可能发生好的事情；如果自己一直都在恐惧和不安中度过，那么很可能命运就会给我们安排很多苦难和不幸。

正如泰戈尔在《飞鸟集》中写道："只管走过去，不要逗留着去采了花朵来保存，因为一路上，花朵会继续开放的。"的确，昨日的阳光再美或者风雨再大，也移不到今日的画册中来，我们为何不好好把握现在，充满希望地面对未来呢？

道阻且长，行则将至，行而不辍，未来可期。愿本书能温暖你的心灵，带给你阳光、希望与快乐。

2021 年 8 月

目录

第五章　别再计较，坦然面对得与失

第六章　放下苛求，人生没有尽善尽美

第一章

心中装满过去的人，无法容纳未来

学会遗忘，是最好的疗伤方式

一位心理学家说过，人不但要学会记忆，而且要学会遗忘。一个人如果把什么都记得一清二楚，大脑被各种各样的记忆占据，那实在是一件很累心的事情，而且对身心健康没有一点好处。现实生活中，我们常会看到这样的现象：有些人记忆力特别好，那些鸡毛蒜皮、恩恩怨怨的事他都会存在大脑中，对什么事都斤斤计较，不肯遗忘，结果不但一事无成，而且病病怏怏；一些人则对不该记住的事绝对不会记在心里，朝气蓬勃，胸怀坦荡，诸事通达，身心健康。由此可见，遗忘不仅是一种智慧，而且是一种保持身心健康的方法。有些事无法遗忘，很多时候，都是因为人们无法从过去的影子中走出来，过去的是非、过去的伤害、过去的误解、过去的情感，包括过去的成就与辉煌，其实不过是一片流云隐隐，轻轻飘过，很快便云消雾散。

懂得遗忘的人，不被是非、烦恼困住自由的心；懂得遗忘的人，不被名利、恩怨缠住轻松的身；懂得遗忘的人，会淡然而宽心地生活；懂得遗忘的人，看不见过去，只看得见未来。

一个人如果能够站在事情本身之外，用理智的审视心态来看待生活中所有的喜怒哀乐，这个人便学会了宽心，学会了洒脱，这个人便拥有了理智平和的人生，这样的人才称得上是自己生命的主人。

人心如杯，不倒空旧水，就无法盛装新水。如果不愿意舍旧，就无法让心灵成为一个空杯，等待新生活的涌入。曾经的往事如一杯隔夜茶，浸泡得太久，便失去了最初醇香的味道。很多时候，生活不再精彩，不是因为生活反复无常，大多时候，都是缘于旧与新的交错，搅乱了原本纯美简单的人生。

倒空旧水，是一种等待新惊喜的状态，空杯可以容纳更加甘醇的明天，正如白纸可以画出任凭自己思维随意想象的图画一般。

两个和尚同行前往一座寺庙，途中遇到一条河，河水混浊，咆哮不止。河边站着一位姑娘，害怕被汹涌的河水卷走，正忧心忡忡，不敢过河。其中一位和尚一语未发，走到姑娘身边，弯腰抱起她，将她扛在肩上，涉水过河。放下姑娘后，与她道别，然后继续赶路。与他同行的和尚对同伴的举动很不满，过了好一会儿，这个和尚终于按捺不住，开口问道："我们出家人连看都不该看一眼女孩儿，你怎么能抱起她还把她扛在肩上呢？"

第一个和尚说："你为这个担心呢？我一过河就把她放下了，你怎么还放不下她呢？"

是啊，那些已经过去的东西，我们还有必要紧紧抱住不放吗？诚然，人生中需要我们去铭记的东西很多，比如父母的养育之恩、朋友的善意帮助以及别人的雪中送炭，然而生活中需要我们去忘记的东西也很多，诸如恩怨、伤害、遗憾、失败……曾几何时，我们总是在强调铭记，却疏忽了生活最重要的心态——遗忘，因为不能忘记该忘记的，是我们人生之大不快。

遗忘，并不代表冷漠，只是有些不该记住的事情，如果不去遗忘，只会徒然伤了自己。遗忘是放下的一种方式，学会遗忘，并不是很容易就能做到的，它需要我们用一颗平常心去对待问题，当问题不可避免地发生了，就注定无法挽回，那只有让它成为过去，才不会在悲伤中沉沦。

遗忘，是对痛苦的一种解脱，是对伤害的一种抚慰，是对自我的一种释放。在人生的旅途中，要学会让那些伤心事、烦心事、累心事不再萦绕于脑际，让心中曾经不快乐的印记消失殆尽。如果我们善于遗忘，将这些沉重的包袱、无形的枷锁统统卸载时，那就会给我们带来心境的安宁和精神的轻松，就会让我们真正活出最快乐的自己。“往事如烟俱忘却，心底无私天地宽”正是对遗忘最好的诠释。

遗忘更是一种能力，一种良好的心理素质。要学会遗忘，就要加强对自己心灵的培养，让自己做一个内心足够强大的人。要以宽心示人，心系眼前事，挂念眼前人，宁静致远；还要经常进行自我心理调节，想宽一点，想远一点，想开一点，从无足轻重的个人恩怨中解脱出来，对和现在已经没有关系的过往，要糊涂一点，淡化一点，宽容一点，朦胧一点，不要让它们在记忆中占有任何位置。一个学会了遗忘的人，就能将更多的时间交给现在，精力充沛地面对现在的机会，信心百倍地去迎接未来，并创造出全新的人生风景。

学会遗忘，也就学会了释怀，学会了幸福。没有不可谅解的过错，没有不可忘却的烦恼。当所有的爱恨情仇在心灵的微笑中悄然而去的时候，被怨恨捆绑的心便会在这一刻获得最灿烂的绽放。

头脑中装满过去的人，无法容纳未来

我们常常对已失去的东西或已成为过去的情感念念不忘，时常会黯然神伤。古希腊诗人荷马曾说过：“过去的事已经过去，过去的事无法挽回。”的确，昨日的阳光再美，也移不到今日的画册。我们除了逝去的过去和未知的未来，能把握的就只有现在，为什么要把大好的时光浪费在对过去的悔恨之中呢？

有一个收藏家酷爱陶壶，收集了无数把茶壶，只要听说哪里有好壶，不管路途多远都一定亲自前往鉴赏。如果看中了，对方又愿意割爱，花再多钱他也舍得。在他所收集的茶壶中，他最中意的是一把龙头壶。

有一天，一个久未见面的好友前来拜访，于是他拿出这把茶壶泡茶招待这位朋友。两个人开心地畅谈着，朋友对这把茶壶所泡出的茶赞不绝口，因此好奇地将它拿起来把玩，结果一不小心将它掉落到地上。茶壶应声破裂……

这时这位收藏家站了起来，默默地收拾那些碎片，将它们交给一旁的助手，然后拿出另一把茶壶继续泡茶说笑，好像什么事也没发生过一样。

事后，有人问他："这是你最钟爱的一把壶，被打破了，难道你不伤心难过、不觉得惋惜吗?"

收藏家说："事实已经造成，留恋摔碎的壶又有何用？不如重新去寻找，也许能找到更好的呢!"

上天赐给我们很多宝贵的礼物，其中之一就是"忘记"。只有忘记那些应该忘记的人和事，我们才能轻装出发。学会忘记，是我们对生活的一种豁达态度。面对无法改变的事，也请尽快忘掉它。不要为既成的事实后悔、埋怨和哀叹，那样不仅于事无补，反而会阻碍你前进的脚步。

罗杰12岁了，他经常会为很多事情烦恼，为自己犯过的错误自怨自艾。

每次考试以后，他都会因害怕不及格而半夜睡不着觉；他总是想那些以前做过的事，觉得自己做得不够好，希望当初没有那样做；总是回想过去说过的话，后悔当初没有将话说得更好。

罗杰总是这样不快乐，直到去科学实验室上课的那一天。

那天，他们的老师保罗·布兰德威尔博士只在桌上放了一瓶牛奶，然后就站在那里，什么都不做。大家都坐下来，望着那瓶牛奶，不知道它和这堂实验课有什么关系。

保罗·布兰德威尔博士等大家都安静下来，突然站起来，拿起那瓶牛奶走到水槽边，并且用力地把牛奶瓶打碎在水槽里。然后他让所有的学生都到水槽旁边，看看那瓶已经被打翻的牛奶。

“不要为打翻的牛奶哭泣！”博士大声说道：“好好看看这瓶牛奶，我希望大家能够记住这一课。这瓶牛奶已经没有了，你们可以看到，它都漏光了。无论你们怎么着急、怎么抱怨，都没有办法再盛回瓶子里一滴。虽然或许小心一些，那瓶牛奶就可以保住，但现在已经太晚了。我们现在唯一能做到的，就是把它忘掉。然后开始认真地做下一件事。”

人人都曾有过被痛苦的回忆所缠绕而不能自拔的经历，有时候，我们会为过去的种种烦恼后悔，可是这些都无济于事。有些人容易为一些小事耿耿于怀，无法坦然地面对自己的错误。学习放下，不是淡忘错误，而是将过往的错误变成重新出发的动力，这是对过往错误最好的处理方式。

把握现在，给每一天赋予新的使命，为生命中的每一秒找到意义，你的日子会过得很完美。活在当下，不要让时间在不知不觉中溜走，更不要让机会擦肩而过。

将过去的痛苦“格式化”

人，只要活着，无论处于哪个年龄段，总躲不过痛苦的挑衅。生老病死、家庭不和、邻里纠纷、亲朋反目、失去工作……痛苦就像人身体中的“死结”，如不及时清理疏通，就会殃及我们的健康，甚至生命。然而，无论多么痛苦的回忆，我们都可以把它看成人生影片中的一个片段，这个片段中的感情色彩是悲是喜，由我们自己决定。

麦克4岁的时候在自家农庄后面的树林中玩耍，忽然，他看见不远处有一头豪猪，好奇的麦克睁大眼睛想看个清楚。可还没来得及细看，麦克便觉得脸上一阵剧痛，原来是一个小伙伴不小心将手里挥动着的极热的烧焊器打在了他脸上。霎时，麦克什么也看不见了。

医生检查的结果——麦克的左眼球被击破。由于严重的交感性眼炎，半年后，麦克的右眼也失去了视力。从此，小麦克生活在黑暗中，对于一个刚刚认识世界的孩子来说，这无疑太残忍了。

麦克看不见任何东西，他不停地哭闹。为了鼓励弟弟，哥哥伊安告诉他：“你的耳朵就是你的眼睛！”于是麦克按哥哥说的方法去练习，一段时间后，他可以循着青蛙的叫声捉到它们。

可是光靠耳朵也不行，他哭喊着要去看树上熟透的野果，要去看忙着搬家的蚂蚁……这时母亲告诉他：“你的手和脚就是你的眼睛！”于是，麦克学着用手去抚摸东西，用脚去丈量距离。很快，他便在家中行动自如，还能从树上采摘那些甜蜜的果实。几年后，麦克进了一所盲人学校，学习了很多知识。

麦克渐渐长大，他发现自己失去的是最重要的东西，并因此变得自卑。一天，一向严厉的父亲看出了麦克的心思，于是对他说：“孩子，你的心就是自己的眼睛啊！”

麦克认真琢磨着父亲的话，忽然之间，他似乎明白了什么。于是麦克真正改变了自己的心态，他不再抱怨，因为他知道：一味想到自己的缺陷，只会让自己更加痛苦，他下决心要用自己心中的眼来指引自己的人生道路。

他试着学习各种乐器：吹竖笛、弹钢琴、吹喇叭。后来他开始学习摔跤，连赢20场比赛。他又开始学习游泳、短跑、标枪、铁饼，并且一次次在比赛中获得冠军。中学期间，他先后夺得11项加拿大全国冠军和6个国际锦标赛冠军。后来，在全美首届盲人滑水锦标赛中，他又一次夺冠并创下世界新纪录。1984年的洛杉矶奥运会上，他成了从纽约向会场传递圣火的优秀运动员之一，此时他已赢得了103枚奖牌。

麦克真正脱离了痛苦，他坚定地向前走，迎来了生命中最辉煌的时刻。

人的一生，不可能没有一点挫折和忧伤。如果我们总是沉浸于回忆中，用不幸的段落来囚禁自己，使自己的心情颓废，那么，只能是死路一条。忘却痛苦需要花很长的时间，因此最省事、最直接的办法就是把痛苦全部“格式化”。

德国诗人席勒说：“痛苦是短暂的，快乐是永恒的。”天无绝人之路，希望总是存在的。暂时的失败可能孕育着新的成功，一次失去机会可能还有更好的机会等待着你。失去的可以重新获得，丢掉的可以再寻觅。办法总比困难多，没有过不去的沟沟坎坎。

忘记不愉快的事，告诉自己，人间自有真情在，应该努力去争取幸福。

避苦求乐是人性的自然，多苦少乐是人生的必然，能苦能乐是人生的坦然，化苦为乐是智者的超然。人虽不能把握生命的长度、命运的起伏，但求一份快乐的心境也不是很难。

不为无法改变的事而纠结

每个人都有怀旧的心理，即使嘴里高喊着向前看，眼睛还是会不由自主地回眸已经过去的日子。绝大多数人对新事物的接受会表现出一种羞羞答答的心态，直到新事物不再新鲜，才用一种怀旧的或恍然大悟的口吻来评说。

而在现实生活中，有的人对于曾经失去的机会耿耿于怀。每当失意的时候，便会感叹：如果当初我那样选择，那么现在我将是怎样怎样了。但关键是你没有那样选择，关键是你已经失掉了那个机会，如果你再自怨自艾下去，将失掉下一个机会。所以，过去的事情完全没有必要放在心上，你当初那样做，一定有你那样做的理由，谁也无法预测未来，不能用你的今天去对比你的昨天，然后使自己生活在痛苦中。

东汉大臣孟敏，年轻的时候曾卖过甑。有一天，他的担子掉在地上，甑被摔碎了，他头也不回地径自离去。有人问他："甑摔坏了多可惜啊，你为什么都不回头看一看呢？"

孟敏十分坦然地回答："甑既然已经破了，再疼惜它也没有什么好处了。”

是的，甑再珍贵，再值钱，再如何与自己的生计息息相关，可它被摔破，已是无法改变的事实，你为之感到可惜，心疼不已，顾之再三，又有什么益处呢？

不为无法改变的事痛惜、后悔、哀叹、忧伤，这是古今中外聪明人共同的生存智慧。

我们都有过某种重要的或心爱的东西失去的经历，其大都在我们的心里留下了阴影。究其原因，那就是我们并没有调整心态去面对失去，没有从心理上承认失去，总是沉湎于已经不存在的东西，没想到去创造新的东西。普希金的诗中说：“一切都是暂时，一切都会消逝，让失去变得可爱。”与其抱残守缺，不如就地放弃。失去不一定是损失，也可能是获得。

有些人终日为过去的错误而悔恨，为过去的决策失误而惋惜，这种无休止的纠结，是事业成功的一大障碍。它会斩断进取的锐角，磨钝智慧的锋芒，甚至愚蠢地导致他得出这样的结论：“我过去失败了，下次恐怕也不行了。”因此，畏首畏尾，顾虑重重，便注定事业不会成功。

甑被打破，不可能恢复原状。任你哀叹，任你后悔，任你捶胸顿足呼天喊地，也肯定不会改变这个已经板上钉钉的事实。聪明的做法，就是按照孟敏的做法去做，这才是人生的大智慧。

在生活中，不可能事事顺心、万事如意。失业、被精减、被老板炒了鱿鱼，不如意；落选、被降职、被顶头上司冷落，不如意；评高级职称少了一票，投学术刊物的论文泥牛入海，不如意；经商亏本，工厂赔钱；路上被窃，也不如意……林林总总，不一而足。一旦遇到这样的事该怎么办，想想“甑已摔破，顾之何益”，想想孟敏的生存智慧，对自己肯定会大有裨益。

在当代社会，更应具有这样的生存智慧，因为在社会激烈的竞争中，我们手中的“甑”随时可被他人打破。遇到这样不如意的事，不哭天抹泪，不怨天尤人，不消沉颓废，不心灰意冷；吸取教训，挺直腰杆，义无反顾，勇往直前。生活中，这样的人，才能出人头地，才能成为强者，才能事业有成，才能品尝到成功的喜悦，才会有鲜花美酒的陪伴。

既然事情已经过去，就不要再耿耿于怀。调整好心态，勇敢地面对现在和未来。要知道，悔恨过去，只会损害眼前的生活。不要让“打破的甑”潮湿了我们的心情，我们还有很多事要做，我们没有理由因为一件事而拒绝一天的生活，相反我们应该将每一天的生活过得平静而恳挚，这样才会有丰盈的过去，也才能开创美好的未来。

过去的已经过去，历史就如“黄河之水天上来，奔流到海不复回”，不能重新开始，不能从头改写。为过去哀伤，为过去遗憾，除了劳心费神，分散精力，没有一点益处。

要想发挥自己的潜能，取得事业的成功，必须勇于忘却过去的不幸，重新开始新的生活。莎士比亚说：“聪明人永远不会坐在那里为他们的损失而哀叹，却用情感去寻找办法来弥补他们的损失。”

看开点，没有不带旧伤的航船

有许多事情，往往总是会超出人们的意料、超出人们的支配能力。试想：谁能料到自己何时遭祸、何时得福呢？谁又能料到自己何时健康、何时病倒呢？关键问题是：面对无端的横祸或病痛，你是从容平静、清心自然、乐观向上，还是慌恐惊悸、忧郁烦恼、悲观失望？

一位哲人曾说过："你来到人世间，要想活得潇洒、活得自在、活得快乐，就应该有一种乐观向上的情怀。"有了乐观的情怀，面对任何危难就都不会恐惧、不会忧郁、不会烦恼了。

有时我们觉得自己就像一个没有安全阀的锅炉，当压力到了无法承受的程度，似乎突然有一天就会爆炸——精神彻底崩溃。其实没有特别的原因，只是因为我们在生活的道路上遇到了挫折或坎坷，经历了失败或打击。既然生活的道路布满荆棘，那么前进的途中难免要受伤。生活中不可能永远一帆风顺，一定会有挫折和伤痛，这很正常，但是我们可以很快忘掉这些，然后继续昂首阔步地前行。

英国劳埃德保险公司曾从拍卖市场买下一艘船，这艘船原属于荷兰福勒船舶公司，它1894年下水，在大西洋上曾遭遇过138次冰山、116次触礁、13次起火、207次被风暴扭断桅杆，然而它从没有沉没过。

劳埃德保险公司基于它不可思议的经历和在保险费方面可以带来可观收益的考虑，最后决定把它从荷兰买回来捐给国家。现在这艘外壳凹凸不平、船体微微变形的船就停泊在英国萨伦港的国家船舶博物馆里。

不过，使这艘船名扬天下的并非劳埃德公司，而是一名来此观光的律师。当时，他刚打输了一场官司，委托人也于不久前自杀了。尽管这不是他的第一次辩护失败，也不是他遇到的第一例自杀事件，然而每当遇到这样的事情，他总是有一种负罪感。他不知该怎样安慰那些在生意场上遭受了不幸的人，那些人有的被骗、有的被罚，他们或血本无归或倾家荡产，也有的因打输了官司，落得债务缠身。

当他在国家船舶博物馆看到这艘船时，忽然有一种想法，为什么不让他们来参观参观这条船呢？于是，他就把这艘船的历史资料和这艘船的照片一起挂在他的律师事务所里，每当商界的委托人请他辩护，无论输赢，他都建议他们去看看这艘船。据英国《泰晤士报》报道，截止到1987年，已有1230万人次参观过这艘船，仅参观者的留言就有170多本。

吸引人们纷至沓来的原因恰恰是这艘船身上的累累创痕，它以自己的亲身经历向人们昭示了这样一条真理：在大海上航行的船没有不带伤的。

别为弥补缺憾而承受一生

即使有缺憾，也该好好享受人生。正因为有缺憾存在，我们才能够在前进的路上多了勇气和动力。回望人生路时，心头才有淡淡的哀愁，也才有岁月凋零后的残缺的美感。

有一个女子，虽然相貌平平却梦想成为一名电影演员，所以她经常为自己平凡的外貌懊恼。她每日都在忧郁中度过，期盼着有一天自己能够美丽起来。

一天，她到一家餐厅就餐，对面的一位女士一直盯着她的手看，正在她疑惑不解的时候，那位女士走过来对她说："小姐，您的手实在是太漂亮了！简直是件艺术品，这是我见过的最美丽的双手。"

"谢谢您的夸奖。"女子脸上泛起了一丝微笑。

"我们正要拍一个护手霜的电视广告，想请您来做，当然突出的主题是您的双手，您觉得如何？"

女子听完非常高兴，立即答应下来。

从此，在电视屏幕上，大家经常看到一双纤纤玉手，那样的光滑细嫩，惹人怜爱。女子渐渐忘记了自己长相平凡的苦恼，把全部的注意力都集中在双手上。她每个月花大量的钱去保养双手，而且自拍摄广告以后再也不做一点儿粗活儿。在她眼里，这双手比她整个人还要重要。

有一天，突然传来女子自杀的消息。人们在她的房间里找到一封遗书，上面写着：昨天修饰指甲的时候，我不小心划伤了手。这个伤口即使痊愈也会留下疤痕！我的手就是我的生命，没有了美丽的双手，我活在世界上还有什么意义呢？我只能选择离开！

手上留有疤痕的确是一种遗憾，然而这种遗憾真的那么重要吗？重要到连生命都放弃了，这真是一种悲哀啊。

这个故事也可能是人们刻意编造出来的，然而却来源于生活，并且非常能够说明问题。因为现实生活中的确有很多人本末倒置，因为某些微不足道的遗憾抑郁而终。“水满则溢，月满则亏”，人的一生不可能没有缺憾，在留有缺憾而又最大限度地接近成功时，是最良好的状态。

这个世界上的任何事物，包括人在内，都不可能是完美的。既然如此，我们也就没有必要为了某些缺憾，而用一生来守护完美，用一生来承受有缺憾的苦楚。就像那位女子，手上有了疤痕又能怎么样呢？每个人生来都会受伤，如果她没有做广告的话，等待伤口愈合，还要继续做家务、工作等。只不过是因为她现在和以前做的事情不同而已，这样的缺憾足以忽略，继续自己美好的生活。

缺憾，是人生中必然所有。缺憾有时也是造物者的一种美丽的创造。如果不是因为战争和抢夺，雕像维纳斯的双臂应该是完好无损的。但是她的双臂断掉了，又有哪个美学家或者是艺术家能够把她的双臂摆放在一个非常完美的位置呢？或许放在哪里都不合适吧！美丽的维纳斯雕像只有是残缺的，才能更加引人注目，才能更加惹人遐思。从这个角度来说，“残缺也是一种完美”。

如果时时刻刻都是光明的，太阳就不会落下，夜幕也就不会降临，那么，打破了正常的规律，动物和植物都不会很好地生长。如果美丽的花朵不会凋零，到处都是芳香扑鼻、沁人心脾，那么，就不会有硕果累累和丰收的喜悦。如果天空没有阴霾，没有电闪雷鸣和风雨交加，那么，我们就无法看到雨后最美丽的彩虹如通向天堂的桥梁挂在空中。

世间万物都是有缺憾的，主要是看我们对这种缺憾的态度。与其说是物质的生活，不如说是心态的生活。既然我们注定不能十全十美，注定我们的人生之路上有缺憾，或许这让我们痛心疾首，或许这让我们满脸泪痕，但都不要一味地悲伤，勇敢地去面对吧！即使有缺憾，我们也该好好享受人生。

告别过去，生命应该前行

过去是已经失去的现在，或被当作历史记录下来，或被作为记忆留存心中。无论怎样，昨天发生的故事不可能重新演绎，过去消逝的时光更不可能重新来过。因为，世界是运动的，事物是发展变化的。随着时间、条件、环境的推移与变化，过去的时光已经一去不复返了，如果执迷不悟地死抱着过去不放，无疑将失去生命中不断发展前进的动力。

活在过去的典型代表，就是清朝末期的八旗子弟。

> 八旗曾经是公认的骁勇善战、所向披靡的军队。然而，取得天下后，八旗子弟就认为一劳永逸了，马放南山，沉浸在过去的战功里，认为自己是天之骄子，大清是万邦来朝的中央王国。从此，八旗子弟过起了提笼架鸟、养尊处优的生活。他们最爱提起的就是："想当年我们祖上……"直到八国联军的坚船利炮把八旗子弟从过去泱泱大国的美梦中震醒，他们才发觉曾经不可一世的那个大清帝国，在列强的欺负下是多么地不堪一击。八旗子弟因为沉浸在过去的大国梦里，养尊处优，成了不

禁打的豆腐渣。在列强的逼迫下，大清帝国签订了一系列不平等条约。终于在辛亥革命的怒吼中，大清帝国寿终正寝。

人类社会是与时俱进的。一个人要想保持生命的强盛，就不能迷失在过去的泥沼中不能自拔，正所谓好汉不提当年勇。要前进，就要总结过去的经验教训，放下包袱，轻装前行。留恋过去的生活，沉浸过去的美梦，到头来只能是可悲的，唯有现实才是至关重要的，梦想、等待，只能使生命的希望幻灭、理想落空。

活在过去，还有另一种表现形式，不少人昨天曾饱经磨难，屡遇坎坷，失败连连，伤心累累，于是沉迷于悲痛之中难以自拔，生活在阴影之下自轻自贱，以至于心中总被巨石重压着，从而失去快乐，脚步总被锁链捆绑着，难以前行。须知盛极必衰，衰极必盛。过去的绝不是一成不变的，不要被过去暂时的失利挫折打败，也不要沉迷于昨天的伤心悲痛之中，因为每个人的生命过程中都会遇到惊涛骇浪。如果驻足止步，很快会被后面的浪头激个粉碎。一个被昨天击倒的人，如果始终不能勇敢地站起来，他就永远不会拥有明天。

安于过去平静安稳的生活，不敢在大风大浪中拼搏、没有上进心的人，一定干不成轰轰烈烈的大事，也不会有辉煌的成就。该冒险时一定冒险，生命只有一次，机会只有一次。要想取得人生成功的真经，千万不可只为过去而活着。永远留恋从前的人，一定没有希望和未来。

当然，已经过去的昨天，留下了自己成长的经历，成熟的见证和成功的回忆。然而无论怎样，过去的永远已过去，记忆已成为历史。曾翻过的人生一页，不管是让自己开心的或是伤心的，都不能代表明天的心情，也都不会具有现实的意义。所以，生命应当前行，生活应该继续，千万别让当下的今天再给自己留下新的遗憾和悔恨。

第二章

人间值得，享受当下的美好

活着，就是一种莫大的幸福

有位青年，厌倦了生活的平淡，感觉一切只是无聊和痛苦。为寻求刺激，青年参加了挑战极限的活动。活动规则是：一个人待在山洞里，无光无火亦无粮，每天只供应5千克的水，时间为整整5个昼夜。

第一天，青年颇觉刺激。

第二天，饥饿、孤独、恐惧一齐袭来，四周漆黑一片，听不到任何声响，于是他有点向往起平日里的无忧无虑来。

他想起了乡下的老母亲不远千里地赶来，只为送一坛韭菜花酱以及小孙子的一双虎头鞋；他想起了终日相伴的妻子在寒夜里为自己掖好被子；他想起了宝贝儿子为自己端的第一杯水；他甚至想起了与他发生争执的同事曾经给自己买过的一份工作餐……渐渐地，他后悔起平日里对生活的态度来：懒懒散散，敷衍了事，冷漠虚伪，无所作为。

到了第三天，他几乎要饿昏过去。可是一想到人世间的种种美好，他便坚持了下来。第四天、第五天，他仍然在饥饿、孤独和极大的恐惧中反思过去，向往未来。

他责骂自己竟然忘记了母亲的生日；他遗憾妻子分娩之时自己未尽照料义务；他后悔听信流言与好友分道扬镳……他这才觉出需要他努力弥补的事情竟有那么多。可是，连他自己也不知道，他能不能挺过最后一关。此时，泪流满面的他发现：洞门开了，阳光照射进来，白云就在眼前，淡淡的花香，悦耳的鸟鸣——他又迎来了一个美好的人间。

青年扶着石壁蹒跚着走出山洞，脸上浮现出一丝难得的笑容。5天来，他一直在说一句话，那就是：生命是上天赠予我们的美意，活着才是幸福。

有时候我们因为没有明白上天的美意而常常抱怨，以为生活就是一种折磨。可是，当我们放下苦难的包袱，敲开自己的心扉，积极地对待生活中的每一天时，我们才发现，原来生活并不全是苦难，当我们细心品味的时候，就能发现幸福。

幸福是简单的，没有过多的附加条件。名和利，不会成为幸福与否的评估条件，相反，过于追求那些反而会让我们失去幸福。

数数自己拥有的幸福

从前，一个富人和一个穷人谈论什么是幸福。

穷人说："幸福就是现在。"

富人望着穷人的茅舍，破旧的衣着，轻蔑地说："这怎么能叫幸福呢？我的幸福可是百间豪宅、千名奴仆啊。"

后来，一场大火把富人的百间豪宅烧得片瓦不留，奴仆们各奔东西。一夜之间，富人沦为乞丐。

炎热的夏天，汗流浃背的乞丐路过穷人的茅舍想讨口水喝。穷人端来一大碗清凉的水问他："你现在认为什么是幸福？"

乞丐眼巴巴地说："幸福就是此时你手中的这碗水。"

不要去感叹你失去或未得到的，而应该珍惜你还拥有的。

叔本华曾说："我们很少想到自己拥有什么，却总是想着自己缺少什么。"这常是情绪失控的重要原因。

人们常说"身在福中不知福"，比如到医院看望病人，看到许多病人正在为拥有活着的权利而奋斗，那时我们就会觉得健康如此可贵。有的人直到不幸的事情发生，才意识到过去的生活是多么幸福。无疑，在不幸降临之前，我们一直在不断地追求幸福，但却不知道，事实上我们一直拥有幸福。幸福，往往是身受时不知，失掉后方觉可惜。

李·索克博士是著名的儿童心理学家。他提起他母亲在俄国成长的经历：她小时候，为躲避哥萨克人的骚扰，背井离乡。他们的村庄被烧成了平地，她藏在水沟里才捡回一条命。最后，她挤在轮船的底舱里，漂洋过海来到了美国。

索克写道：即使在我母亲结婚生子后，她仍然每天为果腹而奔忙。但母亲总要我们多想想“我们有什么”，而不要想“我们缺什么”。她告诉我们，在逆境中可以培养对“美”的欣赏力。因为美无处不在，即使在最简朴的生活里也不例外。

她执着地传授给我们的人生观念就是：天真的很黑的时候，星星就会出现！

“不为自己没有的悲伤而活，要为自己拥有的欢乐而活。”在你沮丧的时候，试着想想：你有没有四肢与眼睛可用；有没有关心你的父母或伴侣；有没有爱你并且需要你的孩子；有没有对你未来的期待——一个假期，或是一个聚会；有没有一本想看的好书，还是一个想观赏的电视节目……

把你拥有的所有美好事物都写下来，然后在脑子里设想这些事物一样一样都被剥夺了，那时你的生活会变得怎样。等你充分体会到了那种失落空虚的感觉，再慢慢地、一件一件地把这些宝贝还给自己，这时你一定会惊讶地发现自己好多了。

“数数你拥有的幸福”，能让你的心情飞扬起来。

人生没有草稿，把握好现在

我们常想跟老朋友聚一聚，但总是说再找机会。

我们常想拥抱一下已经长大的孩子，但总想等到最恰当的时机。

我们常想写封信给另一半，表达一下浓浓的情意，但总告诉自己还有时间。

我们常想明天就要开始运动；下星期就找个时间出去走走；退休之后，就要好好享受一下生活。

要知道我们的生命是何等脆弱！早上醒来时，原本预期过的一个或快乐充实或恬静安宁的日子，可能就会被没想到的意外事件破坏，如交通事故、地震灾害、突发疾病等，刹那间颠覆了生命的巨轮，我们很可能突然闯进一片黑暗之中，再也看不到未来。

我们还时常担心一些没有到来的事，如我老了、病了怎么办等这类杞人忧天的问题；或挂念还没完成但当下又无法着手去做的工作等这类没有意义的事情；或在夏天去做春节回家要买些什么礼物这类的空想计划……

对于未来的所有担心、挂念、空想根本没有意义，它使我们的生活就像一辆陷在烂泥里面空转的车，只能在那个地方空转，浪费了油却什么地方也到达不了。

回想一下我们曾担心过的事，比如担心考试不通过，担心生病总是不好，担心天气会不会下雨，担心没钱交贷款……最后的结果会因我们的担心而有所改变吗？

事实上那是不可能的。因为，焦虑紧张怎么会带来好成绩？忧愁烦恼怎么能让病情转好？天气怎么会因我们的担心而有所改变？寝食难安怎么就能变出钱来交贷款？

担心永远是多余的，难道不是吗？

> 有一个做服装生意的商人，因为生意不好而失眠，有人教他睡觉之前数羊有利于睡眠。结果一个星期后，他又来找这位朋友，说还是睡不着，朋友问他数羊了没有，他说都数到三万只了。
>
> 朋友惊讶地问道：“都数这么多了，还没有一点睡意？”
>
> 商人回答：“本来困极了，但一想到三万只绵羊得有多少毛呀，不剪不就可惜了。”
>
> “那剪完不就可以睡了？”朋友问。
>
> 商人叹息着：“但头疼的问题又来了，这三万只羊的羊毛制成的毛衣，要去哪里找买主呢？一想到这个，我又睡不着了。”

该睡觉的时候不睡觉，杞人忧天地担心着未来，只怕等三万只羊长大、羊毛可以制成毛衣、买主也纷纷上门时，这位商人却因长期失眠、失去健康而无法再从事商业活动了。

这是我们生活中很普遍的例子——好像人人都甘愿牺牲当下的幸福生活，去换取对未来的担忧。其实，明天将发生什么，我们谁也不知道。

如果将希望寄予“等到空闲的时间才享受”，那我们不知道将失去多少幸福。不要再等到有一天我们“可以松口气”，或是“麻烦都过去了”时，才去实现目标或理想，生命中大部分的美好事物，都是短暂易逝的，要此刻去享受它们、品尝它们，善待我们周围的每一个人，别把时间浪费在等待所有难题都有“完满结局”上。

假如我们身在一月份，就不要因为幻想二月份的得到而丧失可能在一月份得到的良机。不要因为对未来计划的憧憬，而虚度浪费现在。不要因为目光注视着天上的星光，而看不见周围的美景，甚或践踏了脚下的玫瑰。

我们要把全部精力倾注在现实中，倾注在今天，倾注在当下。人生没有草稿，生活也不会给我们打草稿的机会，我们所认为的草稿，其实就已经是我们人生的答卷——无法更改，亦无法重做。所以，我们只有把握好现在，认真地对待现在，才能真正体验人生的美好。

珍惜眼前的美好，人生便没有后悔

麦克和杰克相约到很远很远的地方去游览一座大山。据说，那里风景如画，人们到了那里会产生一种飘飘欲仙的感觉。

许多年以后，两人相遇了。他们都发现，那座山太遥远太遥远，他们就是走一辈子，也不可能到达那个令人神往的地方。杰克沮丧地说："我用尽精力奔跑过来，结果什么都不能看到，太叫人伤心了。"

麦克掸了掸衣袍上的灰尘说："这一路上有许许多多美妙的风景，难道你都没有注意到？"

杰克一脸的尴尬神色："我只顾朝着遥远的目标奔跑，哪有心思欣赏沿途的风景啊！"

"那就太遗憾了。"麦克说，"当我们追求一个遥远的目标时，切莫忘记，旅途处处有美景！"

其实，人生不也是一次不能回头的旅行吗？在这唯一的旅途中，我们应该珍惜点滴时间，把握住这可爱的似水流年，及时采撷感性的花朵，欣赏身边美好的一切，万万不可望着远方的目标，却忽视眼前的美景。

几个年轻人一起去山里玩，历尽坎坷艰辛，来到一个壮观美丽的瀑布前，他们激动得欢呼雀跃。

一个男孩忍不住对一个女孩说：“真想吻你一下。”

女孩说：“不行，我要留给今生娶我的人，我必须是完整的啊。”

另一个女孩看着这个男孩，男孩就问她说：“你呢？”

那个女孩就轻轻吻了一下他的脸。

很多年过去了，两个女孩都成了老妇人，有一天她们相聚了，第一个女孩说起这件事，说她发现自己很傻，错过了一件很浪漫的事。

另外一个女孩说：你错过的不是一个吻，也不是一段情，而是年轻时候一颗坦荡真诚的心。

其实，人生最美好的年华就像流水，青春就似沙漏，我们还能年轻多久？缘分让我们在彼此年轻的时候聚在一起，一样的纯洁活泼，一样的热情开朗，一样的精力充沛，一样的焕发光彩。你是否曾想过：这是一件多么难求的事？

世界很小，来日总有重逢再见的时候，可那时……我们在不同的环境里，又带着怎样的岁月的风霜和人世的沧桑？

何必预支明天的烦恼

杞国有一个人，胆子很小且有点神经质，他常常会想一些莫名其妙、不切实际的问题。一天晚饭后，他拿个大扇子在门前乘凉，自言自语地说："如果有一天，天塌下来把我们都压在下面，活活压死了，那可怎么办呀！"于是他就天天琢磨这个问题，越想越害怕，越想越觉得危险。结果日子长了，他觉也睡不着，饭也吃不下，一天比一天消瘦。

朋友们看到他整天恍恍惚惚、魂不守舍的样子，都很替他担心。当朋友得知他是因为担心天塌下来才弄成这副模样的时候，都劝他说："老兄呀，你何必为这种事烦恼呢？这种事情，自古以来都没有发生过啊！即使哪天天真的塌下来了，也不是你一个人所能解决的啊！还是不要为这种事自寻烦恼了。"可无论别人怎么劝说，他都不相信。

日复一日，年复一年，天始终没有像他担心的那样掉下来，连日月星辰也都好好的，可是杞人却始终为这个问题所困扰。据说，直到临死时他仍在为这个问题担心。

从此，那些自寻烦恼，为一些不切实际的事情而忧愁的人就被称为杞人忧天。

时下正流行提前消费，什么都提前使用，但烦恼却不应提前消费。其实，人生苦短，何必要预支明天的烦恼呢？快乐、充实地过好当下的每一时刻不是要比烦恼明天该怎么过要强很多吗？哈里伯顿说：“怀着忧愁上床，就是背负着包袱睡觉。”天天为明天的事烦恼，又怎么会有快乐的时候呢？

你要相信，车到山前必有路，不管生活遇到多大的风浪，总会过去的；再大的问题，也会有解决的办法。何必总是忧愁那些还没有发生，一旦发生总会有办法解决的事情呢？

一个小和尚，每天早上需要清扫寺院里的落叶。他为了第二天不再清扫落叶，就在一天早上，早早起来，使劲摇树，这样他觉得就能把今天和明天的落叶都扫干净了。然而第二天，院子里如往常一样依然满是落叶。老和尚意味深长地说：“傻孩子，无论你今天怎么用力，明天的落叶还会飘下来啊！”

是啊，无论你今天如何烦恼，明天该发生的事情还是会发生的。难道它会因为“预支”而提前消失吗？答案当然是否定的，它只会因为你的预支更嚣张，使你更烦恼罢了。而今天的快乐却不能延续到明天，无论是快乐还是烦恼，今天都会按时度过。既然如此，何不把明天的烦恼留给明天，专心享受当下快乐的生活呢？

然而，生活中却有很多人经常预支明天的烦恼，结果不但没有解决明天的烦恼，反而丧失了当下生活的快乐。

> 丹麦有个民间故事，说的是一个铁匠，家里非常贫困。于是铁匠经常担心：“如果我病倒了不能工作怎么办？”“如果我挣的钱不够花了怎么办？”结果这一连串的担心像沉重的包袱压得他喘不过气来，使他饭也吃不香，觉也睡不好，身体一天天地越变越弱。
>
> 有一天，铁匠上街去买东西，突然昏倒在路旁，恰好有个医学博士路过。博士在询问了情况后十分同情他，就送了他一条金项链并对他说：“不到万不得已的情况下，千万别卖掉它。”铁匠拿了这条金项链高兴地回家了。从此之后，他经常想着这条项链，并自我安慰道：“如果实在没钱了，我就卖掉这条项链。”这样他白天踏实地工作，晚上安心地睡觉，逐渐又恢复了健康。后来他的儿子长大成人，铁匠家的经济也宽裕了。有一次他把那条金项链拿到首饰店里估价，老板告诉他这条项链是铜的，只值一元钱。铁匠这才恍然大悟：“博士给我的不是一条项链，而是治病的方法！”

这则民间故事告诉我们一个简单却深奥的道理——不用预支明天的烦恼，只需做好今天的功课。做好今天的功课，就是应对明天烦恼的最好法宝。特别是当我们把心头的那个沉重包袱放下时，你所焦虑的那些令人不安的后果往往也难以发生。而且，预支明天的烦恼还会成为一种坏习惯，对人的一生都会产生重大影响。

在撒哈拉大沙漠中，有一种土灰色的沙鼠。每当旱季到来之时，这种沙鼠都要囤积大量的草根，准备度过这些艰难的日子。因此，在整个旱季到来之前，沙鼠都会忙得不可开交，在自家的洞口进进出出，满嘴都是草根，辛苦的程度让人惊奇。

但有一个现象很奇怪，当沙地上的草根足以使它们度过旱季时，沙鼠仍然会拼命工作，必须将草根咬断运进自己的洞穴，似乎只有这样它们才能心安理得，感到踏实，否则便焦躁不安。

而实际情况是，沙鼠根本用不着这样担忧和劳累。经过研究证明，这一现象是由一代又一代沙鼠的遗传基因所决定，是出于一种本能的担心。因此，沙鼠所干的事情常常是相当多余又毫无意义的。

如果我们也像沙鼠一样，总是预支明天的烦恼，我们的精力和时间就会大大浪费，而人的一生非常短暂，如果把时间浪费在毫无意义的事情上，就很难集中精力去做一些有意义的事情，我们的人生也很难成功。

然而，不要预支明天的烦恼，并不是说今朝有酒今朝醉，当一天和尚撞一天钟，而是要扎扎实实地做好今天的每一件事，珍惜今天的每一寸光阴，好好把握今天，努力给明天的成功、快乐创造机会！这是一种活在当下的智慧。

活在当下，就是最惬意的平常心

“活在当下”的真正含义来自禅，禅师深谙什么是活在当下。

有人问一位禅师：“什么是修行的最高境界?”

禅师很平淡地回答：“该吃饭时吃饭，该睡觉时睡觉。”

这个人听后很不以为然：“大家每天都是这样啊，这怎么能是人生的最高境界呢?”

禅师微笑着摇摇头说：“很多人都做不到这一点！修行到一定境界的人，吃饭的时候就好好吃饭，睡觉的时候就安心睡觉；而一般人该吃饭的时候，不好好吃饭，心里却想东想西；该睡觉的时候，不好好睡觉，总是心生百般的烦恼。”

一个刚刚进入杂技团的男孩，由两个师哥教学基本功。两个师哥给男孩演示了一个最简单的基本功——双腿跳。其中一个师哥对男孩说：“来吧，你来做一遍吧，可是我真有点担心，你10分钟必须跳1000次，你吃得消吗？”

“天呐！1000次。”男孩吃惊不已，“要我做这么高难度的事，我怎么能办到！”

另一个师哥说：“别听他胡说八道，不用害怕，你只要大概每秒跳一下就行了。”

“天下哪有这样简单的事情？”男孩将信将疑，“既然这样，我就试试吧。”男孩很轻松地每秒钟双腿跳一下，不知不觉，10分钟很快过去了，他顺利地跳完了1000次！

同样，对一个初涉职场的人来说，无法想象自己如何才能成为一名叱咤风云的企业家；对一个刚刚开始学习画画的学生来说，成为举世闻名的画家更是遥远的憧憬。然而，企业家也有第一次参加工作的经历，大多数成功人士也是从对未来的茫然中开始的。那么，幸福人生的秘诀到底是什么呢？因素虽然有很多，但他们无一例外都有一个相似之处，即活在当下。

很多人总是在预支明天的烦恼，想着遥不可测的未来。然而，就算明天的烦恼堆积如山，你都得度过“今天”，先过好今天，让自己在今天获得充沛的精力，才有余力去处理明天的烦恼，不是吗？未来的，等来了再说也不迟，何必在空想中徒劳？我们只有抓住了现在，过好现在，做我们所应该做的，才能有更美好的未来。

用“顺其自然”的心对待每一天、对待“当下”的生活，我们才能尽情地享受生活的每一天！或许，人生的意义，不仅仅在于未来的成功，更多的是，每一个为未来努力的今天。

“当下”，是给自己一个开始飞跃的机会，“当下”，是一种善待自己的生活方式。当你“活在当下”时，你全部的精力都会投入在此刻，生命会因此而变得生机勃发。

如果说这一生什么事情最重要？什么人最重要？什么时间最重要？我们说，最重要的事情就是当下正在做的事情，最重要的人就是现在和你生活在一起的人，最重要的时间就是当下，这就是活在当下的全部意义，它是可以直接感悟的，绝对不是虚无缥缈的镜中月、水中花。

具体来说，怎样才能活在当下？重要的是一种自然的心态，或者改变一下固有的看待问题的方式就可以了。生活不顺心，要学会对自己说“现在的痛苦总会过去，时间可以带走一切”；感情问题解决不了，要学会让自己“能拿得起，就要放得下”；环境不如意，要学会“如果改变不了环境，就去改变自己”等，改变一种思维去思考问题，你就会觉得“当下”的所有问题可能就会是未来的另外一种结果，所有结果都会在“当下”的一笑而过中变成阳光一片。如果你执拗地陷入“当下”的死胡同中，真的可能就再也走不出来了。

幸福的生活取决于我们怎样过好现在的时刻。活在当下不是“得过且过，过了今天不想明天”的碌碌无为的生活态度。活在当下，是为未来的美好生活而争取的过程，现在是过去和未来的必经之路，只有经营好现在才能够过好未来，唯有爱上自己的现在，才能更好地体会到未来幸福的来之不易。

因此，活在当下就是“我、现在、在这里”。人都有过去，但过去已经过去了；人也都会有未来，但未来还没有来到。不要留恋过去，这样只会丢失现在的美丽，使现在的生活成为未来纠结的过去；不要忧虑于未来，否则现在只能生活在灰暗无光的期盼中，使未来成为现在无法承受的重重压力。活在当下就是一种珍视现在的心态，以现在为起航点，过好现在才会弥补过去的遗憾，抓住现在才会营造出未来的生活氛围。

第三章

保持自我，活出自己的精彩

踩着自己的拍子起舞

有个人上进心很强，一心一意想升官发财，可是从年轻熬到年老，却还只是个基层办事员。这个人为此极不快乐，感觉自己活得很失败，每次想起来就掉泪，有一天竟然号啕大哭起来。

一位新同事刚来办公室工作，觉得很奇怪，便问他到底为什么难过。他说："我怎么不难过？年轻的时候，我的上司爱好文学，我便学着作诗、学写文章，想不到刚觉得有点小成绩了，却又换了一位爱好科学的上司。我赶紧又改学数学、研究物理，不料上司嫌我学历太浅，不够老成，还是不重用我。后来换了现在这位上司，我自认为文武兼备，人也老成了，谁知上司却喜欢青年才俊，我……我眼看年龄渐大，就要退休了，一事无成，怎么不难过？"

可见，没有自我的生活是苦不堪言的，没有自我的人生是索然无味的，丧失自我是悲哀的。要想拥有美好的生活必须自强自立，拥有良好的生存能力。没有生存能力又缺乏自信的人，肯定没有自我。一个人若失去自我，就没有做人的尊严，就不能获得别人的尊重。

活着应该是为了充实自己，而不是为了迎合别人。没有自我的人，总是考虑别人的看法，这是在为别人而活，所以活得很累。有些人觉得：老实巴交吧，会吃亏，被人轻视；表现出格吧，又引来责怪，遭受压制；甘愿瞎混吧，实在活得没劲；有所追求吧，每走一步都要加倍小心。家庭之间、同事之间、上下级之间、男女之间……天晓得怎么会生出那么多是是非非。你和新来的女同事有所接近，有人就会怀疑你居心不良；你到某领导办公室去了一趟，就会引起这样或那样的议论；你说话直言不讳，人家就会觉得你骄傲自满、目中无人；如果你工作第一，不管其他，人家就会说你不是死心眼儿太傻，就是有权欲野心……凡此种种飞短流长的议论和窃窃私语，可以说是无处不生，无孔不入。如果你的听觉视觉尚未失灵，再有意无意地卷入这种旋涡，那你的大脑很快就会塞满乱七八糟的东西，弄得你头昏眼花、心乱如麻，岂能不累呢？

我们无法改变别人的看法，能改变的仅是我们自己。想要讨好每个人是愚蠢的，也是没有必要的。与其把精力花在一味地去献媚别人，无时无刻地去顺从别人，还不如把主要精力放在踏踏实实做人、兢兢业业做事上。改变别人的看法总是艰难的，改变自己总是容易的。

太在意别人的眼光，将暗淡自己的光彩

在这个世界上，没有任何一个人可以让所有人都满意。跟着他人的眼光做事的人，会逐渐暗淡自己的光彩。

西莉亚自幼学习艺术体操，她身段匀称灵活。可是很不幸，一次意外事故导致她下肢严重受伤，一条腿留下后遗症，走路有一点跛。为此，她十分沮丧，甚至不敢上街。作为一种逃避，西莉亚搬到了约克郡乡下。

一天，小镇上的雷诺兹老师领着一个女孩来向西莉亚学跳苏格兰舞。在他们诚恳的请求下，西莉亚勉为其难地答应了。为了不让他们察觉自己残疾的腿，西莉亚特意提早坐在一把藤椅上。可那个女孩偏偏天生笨拙，连起码的乐感和节奏感都没有。

当那个女孩再一次跳错时，西莉亚不由自主地站起来给对方示范。西莉亚一转身，便敏感地看见那个女孩正盯着自己的腿，一副惊讶的神情。她忽然意识到，自己一直刻意掩盖的残疾在刚才的瞬间已暴露无遗。这时，一种自卑让她无端地恼怒起来，她对那个女孩说了一些

难听的话。西莉亚的行为伤害了女孩的自尊心，女孩难过地跑开了。

事后，西莉亚深感歉疚。过了两天，西莉亚亲自来到学校，和雷诺兹老师一起等候那个女孩。西莉亚对那个女孩说："如果把你训练成一名专业舞者恐怕不容易，但我保证，你一定会成为一个不错的领舞者。"

这一次，他们就在学校操场上跳，有不少学生好奇地围观。那个女孩笨手笨脚的舞姿不时招来同学的嘲笑，她满脸通红，不断犯错，每跳一步，都如芒刺在背。西莉亚看在眼里，深深理解那种无奈的自卑感。她走过去，轻声对那个女孩说："假如一个舞者只盯着自己的脚，就无法享受跳舞的快乐，而且别人也会跟着注意你的脚，发现你的错误。现在你抬起头，面带微笑地跳完这支舞曲，别管步伐是不是错的。"

说完，西莉亚和那个女孩面对面站好，朝雷诺兹老师示意了一下。悠扬的手风琴音乐响起，她们踏着拍子，欢快起舞。其实那个女孩的步伐还有些错误，而且动作也不是很和谐。但意外的效果出现了——那些旁观的学生被她们脸上的微笑所感染，而不再关注舞蹈细节上的错误。后来，有越来越多的学生情不自禁地加入到舞蹈中，大家尽情地跳啊跳啊，直到太阳下山。

生活在别人的眼光里，就会找不到自己的路。

其实，每个人的眼光都有不同。面对不同的几何图形，有人看出了圆的光滑无棱，有人看出了三角形的直线组成，有人看出了半圆的方圆兼济，有人看出了不对称图形特有的美……

同是一个甜麦圈，悲观者看见一个空洞，乐观者却品尝到它的味道。

同是交战赤壁，苏轼高歌“雄姿英发，羽扇纶巾，谈笑间樯橹灰飞烟灭”；杜牧却低吟“东风不与周郎便，铜雀春深锁二乔”。

同是“谁解其中味”的《红楼梦》，有人听到了封建制度的丧钟，有人看见了宝黛的深情，有人悟到了曹雪芹的用心良苦，也有人只津津乐道于故事本身……

寻回本色，走自己的路

在现实生活中，有很多人总是在不停地模仿他人，不懂得保持自我本色。

那么，我们该如何才能走自己的路，如何才能保持自我本色呢？这个问题像历史一样古老，也像人生一样普遍。它是一个古老却又时新的话题。

其实，一个人最糟糕的是不能成为自己，不能在内心中保持自我。

好莱坞著名导演山姆·伍德曾说，最令他头痛的事就是年轻演员不能保持自我。他们每个人都想成为二流的拉娜·特丽斯或三流的盖博，他不停地告诫他们："观众已经尝过那种味道了，他们需要点新鲜的。"他凭借着自己做过房地产销售员的经验，尽量不用那些模仿他人的演员，那是最保险的。完全模仿别人绝对会一事无成。

然而，拥有"走自己的路，让别人去说吧"气魄的人却是极少的。保罗·帕顿是一家石油公司的人事主管，他面试过的人数超过6000。他曾说："求职者犯的最大错误就是不能保持自我。他们常常不是坦诚地回答问题，而是说出他们自认为面试官想听到的答案。”可那是没有用的，没有人愿意听一种不真实的、虚伪的东西。

所以，只有在生活中保持自我本色、追求真我，有勇气执着地走自己路的人才能获得成功。

扬长避短固然是一个人走向成功的重要法则，但刻意掩饰自己的不足，却往往适得其反。所以说，保持自我本色才是王者之道。

杜加尔曾说过：“准确地看到自己的本来面目，必然的结果就是接受自己的本来面目。”

像作曲家欧文·柏林给乔治·格希文的忠告那样。当柏林和格希文初次见面时，柏林已声名卓著，而格希文还是一个刚出道的年轻作曲家，一周只赚 35 美元。柏林很欣赏格希文的能力，问他是否愿意做他的秘书，薪水大概是他当时收入的三倍。“还是不要接受这个工作，”柏林同时忠告他说：“如果接受，你可能只会变成一个二流的柏林，如果你坚持继续保持自己的本色，总有一天你会成为一个一流的格希文。”格希文接受了这个劝告，最终他成为美国最重要的作曲家之一。

不但格希文有过这样的经历，很多知名人士都曾经经历过这样艰难的保持自我本色的过程。卓别林、威尔·罗吉斯、玛丽·玛格丽特·麦克布蕾、金·奥特雷，以及其他很多人，都学过保持自我本色的这一课，尽管学得很辛苦。

卓别林开始拍片时，导演要他模仿当时的著名影星，结果他一事无成，直到他开始发挥自己的特色，才渐渐成功。当玛丽·玛格丽特·麦克布蕾第一次上电台时，她总想模仿一位爱尔兰明星，一直没有成功。直到她以一位密苏里州乡村姑娘的本色面目出现时，才成为走红的广播明星。金·奥特雷一直想改变自己的得州口音，让自己打扮得像个城里人，还对外宣称他是纽约人，结果别人都在背后嘲笑他。后来他开始重弹三弦琴，演唱乡村歌曲，最终奠定了他在影片中受欢迎的牛仔地位。

肯定自己，相信自己是这个世界上独一无二的人，所以请你为此而自豪吧！请保持你的本色，坚持走自己的路。无论是好是坏，只有种好自己的自留地，才能收获粮食；只有经营好自己的小花园，才能收获满园的芳香。

做自己想做的事

毫无疑问，做自己想做的事是每个人的愿望，因为这可以让自己更快乐，更容易获得成功。在现代职场里，很多人之所以一直从事着自己不喜欢的工作，是因为他们仅仅把工作当作养家糊口的工具，而不是真心喜欢并且乐意去做的事情，所以这样的工作质量可想而知。

事实上，不管我们当初选择某项工作的初衷如何，我们都应该抱着喜欢并且热爱的态度去面对目前所做的工作。因为只要你选择快乐的态度，选择用心去做工作，久而久之，任何工作都可以让你乐在其中。

令人遗憾的是，在现实生活中，很多人没有勇气去做自己喜欢做和想做的事，担心自己无法胜任，担心失败，担心被别人议论，担心自己的决策是错误的，剩下的只有对别人的羡慕。推销员羡慕医生每天待在办公室里，不用在外面经受风吹日晒，而且能拿着高薪；工程师羡慕自己的同事有勇气离开公司，去另立门户，独立创业；公交车司机羡慕出租车司机，有自由的上下班时间，自由的行车路线，而自己得按时上下班，每天重复着那条必经的路线，不能少一个站，也不能多一个站……

如果无法选择快乐的态度来对待目前的工作，那就一定要重新选择工作，做你想做的事。否则，你就可能永远与成功无缘。

杰西卡是美国夏威夷一家制衣公司的设计师，该公司一直生产传统的夏威夷人喜欢穿的罩袍。这些罩袍只有一种尺码，而且花色单一、款式陈旧，由于是成批生产，所以制作得极为粗糙，看上去千篇一律，一点儿美感都没有。杰西卡决定对罩袍进行改造，她想先为自己缝制一件罩袍，并穿在身上，先看看能起到什么样的效果，这样对促进公司对罩袍进行改进更有说服力。

于是，杰西卡买来了能体现个性特色的印花布，通过精心剪裁，使罩袍不仅保持原来舒适自然的特点，还能够适合自己的身材尺寸。她还为罩袍精心设计了漂亮的花边。正是由于这种特殊的设计，马上引起了房东太太的极大兴趣，她要求杰西卡也为自己照样缝制一件。穿上杰西卡为自己量身定制的传统罩袍，房东太太惊喜异常，她怎么也没有想到，这种司空见惯的传统服装居然也能够做得如此漂亮。

当杰西卡把她想改进公司生产的传统罩袍的想法告诉同事们时，几乎人人都十分惊讶地摇头道：“难道你不知道在夏威夷各大旅馆、服装店和旅游中心陈列着成千上万件罩袍？它们都是传统式样，都没有人敢去改进它啊！”

然而杰西卡却不这么想，她决心要试一试。因为她内心有这样一个准则：只要想做，那就立即去做。

杰西卡把自己的想法告诉了公司经理，并得到了经理的大力支持。她亲自负责选购布料并且上门为顾客测量尺寸大小，然后将布料交给其他同事去裁剪和缝制。就这样，这家生产传统罩袍的公司生产出了一件又一件既漂亮又适合人们身材的新式罩袍，公司的生意开始红火起来。在杰西卡的努力下，公司后来还把这种独特的服装推销到了美国本土的其他城市。

杰西卡凭着“做自己想做的事”的行为准则赢得了经理的青睐，从一个普通的设计员工被提拔为公司的首席设计师，她因此获得了巨大的成功。

假如你不喜欢你现在的工作，就不要给自己设定障碍，这是你的权力，没有人可以阻拦你。

我们要认清自己的人生路，做自己想做的事，不必太在意别人怎么说，更不必拘泥于别人的老套思维。只要有好的想法，哪怕它看起来很荒谬，也应该立即付诸实践，说不定奇迹就等在我们的前面。让我们记住《福布斯》杂志创立者福布斯的名言吧：“做正确的事情，把事情做好，立即做。”

坚持自己的梦想往前走

只有坚持走自己的路，才能到达梦中的地方。

布鲁斯·李在1940年11月27日出生于美国的旧金山市。因为父亲是一名演员，他从小就有跑龙套的机会，于是他产生了想当一名好演员的梦想。由于身体虚弱，父亲让他拜师习武来强身。1961年，他考入华盛顿州立大学主修哲学。后来，他像所有人一样结婚生子。然而他在内心深处一刻也不曾放弃当一名演员的梦想。

一天，他与一位朋友谈到梦想时，随手在一张便笺上写下了自己的人生目标："我，布鲁斯·李，将会成为全美国最高薪酬的超级巨星。作为回报，我将奉献出最激动人心、最具震撼力的演出。从1970年开始，我就会享誉世界，到1980年，我就会拥有1000万美元的财富。那时候，我和家人将会过上最愉快、和谐、幸福的生活。"

写下这张便笺的时候，他的生活正处于贫困潦倒之中。不难想象，如果这张便笺被别人看到，他将会遭到怎样的嘲笑。

然而他却把这些话深深地铭刻在心底，为了实现自己的梦想，他克服了无数常人难以想象的困难。比如，他曾因脊背神经受伤在床上躺了4个月，最后他依靠自己的意志却奇迹般地站起来了。终于，命运之神在1971年向他露出了微笑，他主演的电影《唐山大兄》《精武门》《猛龙过江》都刷新了香港的票房纪录。1972年，他主演了香港嘉禾公司与美国华纳公司合作的《龙争虎斗》，这部电影使他成为一名国际巨星——被誉为“功夫之王”。1998年，美国《时代》周刊将其评为“20世纪英雄偶像”之一，他是唯一入选的华人。他就是李小龙——一位迄今为止在世界上仍然享誉最高的华人明星。

1973年7月，事业刚步入巅峰的他因病去世。在美国加州举行的“李小龙遗物拍卖会”上，这张便笺被一位收藏家以29万美元的高价买走，同时，2000份获准合法复印的副本也当即被抢购一空。拍卖会的主持人感慨万分地说：“这就是为什么你以后有必要把想到的事情马上写下来的原因。”

对于刚走入社会的年轻人来说，梦想就是成功的开端，走自己的路，笑傲风雨，拼搏奋进，有梦就去追寻，这才算是个现代人。

成功往往伴随“梦想”而来。很多人一辈子平平庸庸地过日子，并不是才华不如人，而是提早放弃了自己的梦想。许多父母阻止子女追求更好的生活，认为那是无法实现的梦想，他们要子女们满足现状，做一份寻常而稳定的工作，过着平凡的生活。其实很多著名企业家及成就大事业者大多是出身贫寒，只有平凡的背景，他们的成功源于敢于实践自己的梦想，敢于挑战更高的目标。

第四章

善待生活，处处皆有阳光

善待生活，发掘快乐

随着社会经济的快速发展以来，人们的生活质量在很多方面都有了很大提高，然而自认为生活快乐的人却并没有增加。相反，现在拥有坏心情的人的概率却增加了10倍。金钱和财富似乎能够带来快乐，然而当收入能够满足基本生活需求之后，金钱就不再是快乐的源泉。人们对优越的生活条件习以为常之后，就逐渐失去了对生活的新奇感，从而也就远离了快乐。

每天我们都在抱怨：为什么有这么多烦心事？为什么我们总是得不到快乐？可我们也看到了，总有一些人，尽管他们与我们有着同样的甚至更糟的处境，但他们却从不抱怨，天天都洋溢着快乐的笑容。原来他们早就意识到，其实生活中快乐的事比烦恼的事要多得多，所以他们绝不让一点点的烦心事影响自己的心情。凡事都想到好的方面，主动从生活中发掘快乐，这样的生活，怎么会不愉快呢？

波特和汤普森几年前跟人合伙做生意。不幸的是，有一次，运货船遇到风浪，他们所有的财产包括梦想都沉入了海底。波特经受不住这个打击，从此一蹶不振，整天失魂落魄、神情恍惚。可是汤普森却活得有滋有味，他每天白天去码头做搬卸工，晚上还要到图书馆去看营销方面的书籍，生活得很充实、快乐。

于是，波特去问汤普森："为什么经历了这么大的磨难，你还能乐得起来?"

汤普森回答说："你咒骂、你伤心，日子一天天地过去；你快活、你高兴，日子也一天天地过去，你选择哪一种呢?"他劝波特说："你每天早晨起床前、晚上睡觉前，都花一些时间重温当天发生的美好事情，这样坚持下去试试。"通过这种方式，波特果然很快就培养起了对生活的积极态度，从而变得快乐起来，不久在家人和朋友的帮助下，又开始从小生意做起，现在他已经成为一个成功的商人了。

也许健康的人突然遇到一场飞来横祸，变成了残疾；也许原本家财万贯的人突然破产，一夜之间变成了一个一贫如洗的穷光蛋；聪明好学的人也有可能在高考中失利……总之世事无常，任何人都可能在任何时间和任何地点，遭受到不同程度的打击和挫折。但是只要有一颗快乐的心，任何不幸都是暂时的。

人生往往就是这样，当遭遇到工作和生活中暂时的黑暗时，不要怨天尤人，要善待生活，善待挫折，看开了，就会依然乐观快乐。

再如，不小心丢失了一件价格不菲的皮大衣，可以对自己的粗心懊悔不已，或许对拾金而昧者耿耿于怀。但是也可以这样宽慰自己：从此一个衣衫褴褛的穷人可以不再惧怕冬天的严寒了。那么这时，就会有了一种助人为乐后的快慰。

生活中，不要只顾忙碌地奔波，而忘了自己为什么而活着，忘记了快乐。永远要记得，我们身体健康，我们平安地活着，我们是如此富有、如此幸福。

我们可以选择一个快乐的角度去看待生活，也可以选择一个痛苦的角度。真正幸福的人，是那些认认真真而又快快乐乐地过完一生的人。不论长寿与否，只要在活着时，每一天该说的话、该做的事，都说了、做了，你就会没有遗憾。就像鱼儿在水里游来游去，那么从容，那么自在，它的快乐全部寄托在水中。人类的快乐躲藏在生活的每一个角落。

给生活一个笑脸，给自己一个安慰

面对短暂的人生，每一个人都要学会面对磨难。也许当命运之神把我们抛入人生谷底的时候，也正是我们人生腾飞的最佳时刻。适度调整自己的心态，学会走出人生的低谷，也许出现在我们面前的就是一片湛蓝的天空。

生命是多彩的，它对每个人都是平等的，关键是看你如何把握生活，享受生命。用微笑来面对生活，即使在寒冷的冬天也会感到生活的温暖，在漆黑的午夜也会看到希望的曙光。用微笑来面对生活，用微笑来面对每个人、每件事，你就会感受到阳光灿烂，迎接你的必定是一路的鸟语花香。如果生命没有给予你完美与幸福，那你更要以笑容来面对。

美国著名歌唱家卡丝·戴莉有一个动人的歌喉，唱起歌来婉转美妙，像百灵鸟一样，但她却长着一口龅牙，十分难看。她在参加歌唱比赛时，总是顾及自己难看的龅牙，尽力避免将口张得太开，一方面要放声歌唱，一方面又要极力掩饰自己的缺点，所以她的表演总是失败，几乎每次参赛都是如此，她渐渐对自己感到绝望了。只有一个评委发现了她的歌唱天赋，告诉她："你有唱歌的天赋，你会取得成功，但你必须忘掉自己的龅牙。"在这位评委的帮助下，卡丝·戴莉渐渐走出了心理阴影，终于在一次全国性的大赛中，以极富个性化的演唱倾倒了观众、征服了评委，从此脱颖而出。

生活，需要你用心理解，用心感悟。在某一时刻，尽早地发现它的真实，在拥有平和的心境、合理的思维的同时，给它以微笑，你就很容易越过障碍，注视将来。

生活，就是一架天平，在那上面衡量善与恶。生活，就是有正义感、有真理、有理智，就是始终不渝、诚实不欺、表里如一、心智纯正，并且对权利与义务同等重视。生活，就是知道自己的价值，自己所能做到的与自己所应该做到的。

现实生活中的人，特别是 20 几岁的年轻人，在不能懂得生活的真谛时，把握好自己的人生，给自己以鼓励和宽慰，积极地行走在艰辛的生活路上，幸福的口子就会越开越大。

任何一个人，在来到这个世界上的时候，他的容貌是无法选择的，就像我们无法选择自己出生的国度、家庭、父母一样。也许，你长得并不够漂亮和帅气，但你不应该自卑。我们不能选择容貌，但可展现笑容，让生活拥有一抹亮色。

乐观豁达，凡事都要看开一点

生活不是开心果，总会充满了烦恼，甚至不幸。然而一个豁达之人，即使到了告别这个世界的那一刻，也会用微笑与快乐为生命送行。

两个水手因为船只失事而流落到一个荒岛。

甲水手一上岸就愁眉苦脸，担心荒岛上没有充饥之物，没有落脚之处，乙水手却一上岸就为自己将要开始一段新的生活而欢呼。

两个人在荒岛上找到一个山洞，乙水手为今晚有地方可以睡一个好觉而庆幸，甲水手却担心洞里面有怪兽。乙水手安然入睡，甲水手辗转难眠，不知道明天怎么度过。

上帝可怜两个水手，竟然让他们在荒岛上意外地发现一袋粮食。乙水手高兴得手舞足蹈，而甲水手却担心怎么把生米煮成熟饭，煮出来的饭是否咽得下。

岛上没有淡水，他们不得不喝海水。乙水手说："喝淡水喝惯了，喝喝海水换换口味。"而甲水手则是极不情愿地把海水咽下。

每吃完一顿饭，乙水手总是很满足地说："又过了一天。”而甲水手却总是叹气：“唉，假如粮食吃完了该怎么办呢?”

粮食一天一天减少，终于被他们吃完了。荒岛上还有些野果，他们采摘回来。乙水手说：“运气真好，竟然还有水果吃。”甲水手却哭丧着脸说：“从来没有这么倒霉过。上帝不要我活了，竟然要吃这样的野果。”

终于野果也吃完了，他们再也找不到其他可以吃的东西了，只好挨饿。为了保持体力，他们只好躺在洞里休息。乙水手说：“想不到我竟然什么也不用做还可以睡觉。”甲水手则绝望地说：“死亡离我们越来越近了。”

最后一刻，他们都坚持不住了。乙水手说：“现在终于可以抛开一切烦恼，投奔天国了。”甲水手说：“我还不想下地狱。”

乙水手死了，脸上挂着微笑。

甲水手死了，脸上充满悲伤。

同样的结局，不一样的人生。既然结局无法改变，何不快乐地面对人生，充分享受生命中的乐趣?

事物都有两面性。当我们失去某一件东西的时候，必然会得到另外一件东西，虽然失去的很珍贵，但又有谁知道你得到的东西不比你失去的更珍贵呢?大多数人往往意识不到这一点，失去的已经证明它很珍贵了，得到的还需要一段时间来证明它是否珍贵。所以，我们应该学会的是耐心等待。

凡事都看开一点，这应是人生最明智的处世哲学。既然已经发生了，我们就坦然接受。俗话说，是福不是祸，是祸躲不过。

每个人的心中都有一个天堂

生命是怎样的一个过程呢？没有人能够清楚地回答。一位老者行将就木，他对生命的感悟或许多了几许暮色与苍凉。若是一个青年，他对生命的感悟，或许是蓬勃的，或许是青春的。然而，生命中却有一种永恒的旋律，那就是对快乐的追求。

有一个年轻人，穷困潦倒。一天，他走在巴黎的街头，看见满身珠光宝气的妇人庸俗不堪，那些达官贵人则粗鄙浅陋。于是他想到了自己，自己读了很多的书，结果却仍旧是怀才不遇，郁郁不得志，无法快乐起来。

他很惆怅，不知道自己什么时候才能够出人头地，这样的生活还不如死亡，于是，在他的心里有了轻生的念头。他走进了一座教堂，去找神父。

“神父，我每天都无法快乐起来，我看着周围的人，没有一个人像我这样有学识，他们却很快乐，生活比我要好很多。我却依旧住在又小又简陋的阁楼里面，像棵无依无靠的小草，身份卑微，受人嘲笑。”年轻人痛苦地向神父述说着自己的一切。

“我知道了，年轻人。”神父轻声说。

“神父，真有天堂存在吗？”年轻人迟疑了一下问道。

“嗯，按照《圣经》所说，天堂是存在的，它是一个非常美妙的地方。”神父很自信地回答道。

“神父，如果我这一生没有做任何坏事，我死后一定会去天堂吗？”年轻人若有所思地问神父。

“是的，孩子。”神父点头示意他。

“如果那样的话，我还不如现在死掉算了，在现实的世界中我很压抑，或许我死后去了天堂，那样我要比现在快乐更多。”说完，年轻人似乎要离开。

“停下你的脚步吧，孩子！其实，每个人的心中都有一个天堂，你可以找得到。”神父说。

年轻人忽然停住了，他看着神父似乎在思考，沉默了好一阵，他抬起头来，眼中闪烁着泪光：“谢谢您，神父！”

天堂在哪里？无从知晓，或许真的如《圣经》中所说的。但是现实的苦楚，又怎样能够让人解脱呢？世俗的熏染，让原本宁静淡泊的生活变得灯红酒绿；外界的压力和心中的抑郁，把人越来越推向一个无形的牢笼当中。然而，每个人都有追求幸福和快乐的权利，每个人的心中都有一个天堂。这个所谓的“天堂”，是人们心中的一片乐土，它充满了对未来美好生活的向往，充满了对快乐幸福时刻的希冀。人，不能把幸福寄托于死后的极乐，人生活的每一天，都应该最大限度地追求快乐，快乐才是生活的真谛。

人的一生，会有很多坎坷，对待这些坎坷不能回避、逃脱，要有一颗未泯的童心，对生活充满无穷的希望，追逐快乐。同样，一生当中也会有很多诱惑，当你流连其中的时候，有没有寻找到浮华背后的快乐呢？功名利禄短暂，快乐才是持久的。一个人若总是回忆过去，不仅是对今日的否定，也是衰老的表现。对于未来，若总是思索的话，多的可能只是想象和夸张。

有限的时间，寻找无限的快乐

每个人的生命都是有限的，在这有限的生命当中，却存在着无限的快乐。享受人生，才能把握快乐。把握一切的快乐，才能尽情欣赏人生中最美丽的风景。

一个意大利记者，名叫阿尼，有一次讲述了自己采访著名钢琴家鲁宾斯坦的事情。

当阿尼采访完毕时，鲁宾斯坦送给阿尼一盒他自己最喜欢的雪茄。

“我要把它好好地珍藏起来。”阿尼对鲁宾斯坦说。

“千万不可。”鲁宾斯坦回答说。

“你一定要把它们抽掉，这些雪茄美妙如人生，人生是不能保存的。你一定要尽情享受它，如果不能享受人生，那么人生就没有乐趣了。”

历史上有多少王侯将相，宁可花掉一切物质代价也要追求长生不老，只因为他们想把生命中的快乐尽情地延长，无限地享受世间的快乐。但不管是怎样的身份、地位，人生对于谁都是短短百年而已，“俯仰之间，已为陈迹”罢了。生命对于每个人来讲，都有着固定的界限，不能逾越，不能任意延长或缩短。但是快乐，却超越了生命的长度和心灵的宽度，在世间永存。只要你追求它，它就会永远地追随你。

有这样一个故事：

一个青年人四处寻找摆脱烦恼的秘诀。

这一天他来到一座山脚下，只见一片绿草丛中，有一位牧童在牛背上吹着悠扬的横笛，逍遥自在。

青年人走上前去询问：“你看起来很快活，能教我解脱烦恼的方法吗?”

牧童说：“骑在牛背上，笛子一吹，什么烦恼都没有了。”

青年人试了试，不灵。于是，他又继续寻找。

青年人来到一条河边，看到一位老翁坐在树荫下，手持一根钓竿，正在垂钓。他神情怡然，自得其乐。

青年人走上前去鞠了一躬：“请问，您能赐我解脱烦恼的办法吗?”

老翁看了他一眼，慢声慢气地说：“来吧，孩子，跟我一起钓鱼，保管你没有烦恼。”

青年人试了试，不灵。于是，他继续寻找。

不久，他来到一个山洞里，看见洞内有一个老者独坐在洞中，面带满足的微笑。

青年人深深地鞠了一躬，向老者说明了来意。

老者微笑着摸摸长髯，问道：“这么说你是来寻求解脱的？”

青年人说：“对，恳请前辈不吝赐教。”

老者笑着问：“有谁捆住你了吗？”

“……没有。”

“既然没有人捆住你，又何谈解脱呢？”

青年人恍然大悟，从此变得快活起来。

世界上最自由的便是人们的心灵，它可以任意想象、任意感受、任意存储各种各样的记忆，为未来做任何形式的谋划。因此，心灵也最容易疲惫，更容易产生各种负面的想法和情绪，这时，快乐在心灵中的地位便随之降低了。悲伤与困惑涌入人们的心灵，只能阻碍人们前行的步伐。

愚者总让自己生存在牢笼之中，人生的快乐不止千万，随意采取一种快乐，就能让我们快活一时了。不要以为快乐已经消失殆尽，其实快乐就在我们身边，就看我们能不能够感觉到。

在匆忙的人生之路上，你有多少次真切地感受到自己身处快乐之中呢？有没有哪些不起眼的细节打动过你的灵魂呢？不断地赞成自己、肯定自己的价值和某些成就，自我满足，你便会快乐。尽自己的可能帮助那些需要帮助的人，付出就一定会得到快乐。学习与人相处的技巧，结识各种不同性格、身份、地位的朋友，与他们交谈，你会快乐。从兴趣出发，做你自己想做的事情，让闲暇的时间变得更美妙，你便会深感快乐。

第五章

别再计较，坦然面对得与失

学会舍得，学会享受拥有的一切

师徒二人去化缘，回寺庙的路上，需要经过一条小河，还得攀越一座大山。走着走着，徒弟觉得累极了，便要求师父坐下来歇歇，师父同意了，二人在一块光滑的大石头上坐了下来。

歇息时，徒弟忽然问师父："咱们僧人皈依佛门，四大皆空，讲究一种虚静。那么，我们来世上一遭，究竟是为了什么？究竟还有什么属于我们自己呢？"

师父微微一笑说："为了佛，为了自己的心啊。"接着，师父又说，"属于我们的东西太多太多了，自由的身心，超脱的意念，以及蓝天白云、这山这水。"

徒弟听着，却一头雾水，越听越迷糊。师父看着徒弟一脸困惑的神情，又补充说："当一个人四大皆空，什么都没有时，这世间的一切就都是他的了。学会舍得，就能达到这样一种境界，见山是山，见水是水，梦游四方，思度五岳。"

徒弟还是不理解，向师父追问道："那尘世间的人们不也拥有这些东西吗？"

“不”，师父纠正说，“有钱的人，心中只拥有钱；有别墅的人，心中只关注别墅；有权势的人，心中只关注权势，买股票的人，心中只有股票跌落……所以，在人类拥有太多的时候，也失去了很多”。

这时，凉风习习，吹去了师徒二人一天的疲劳。小徒弟望着大自然赐予的山水，终于舒心地笑了，站起身来，和师父愉快地赶路。

追根溯源，“舍得”一词，最早出自佛经《了凡四训》。在传入中国后，与中国传统的老庄思想相互融会，成为“禅”的一种哲理。随着光阴的流转，“舍得”这一禅理又迅速渗透到我们的日常生活之中，并逐步演进为一种雅俗共赏、启迪心智的“生活禅”。

舍得，是一种精神；舍得，是一种领悟；舍得，更是一种智慧、一种人生境界。作为一个尘世中人，我们有着太多的欲望，包括对金钱、名利和情感。这也没什么不好，因为欲望本来就是人的本性，也是推动社会进步的一种动力。但是，欲望又是一头难以驾驭的猛兽，它常常使我们对人生的舍与得难以把握。看看下面这个关于舍得的故事。

一天早上，妈妈正在厨房清洗早餐的碗碟，4 岁的孩子独自在沙发上玩耍。不一会儿，妈妈听到孩子的啼哭声。还没有将手抹干，妈妈就冲到客厅去看孩子发生了什么事。

原来，孩子把手插进了放在茶几上的花瓶里。花瓶是上窄下阔的一款，孩子的手伸了进去，却拔不出来。妈妈用了各种不同的办法，但孩子的手依然卡着。

在无计可施的情况下，妈妈决定把花瓶打碎。可是，在做出决定时，妈妈有点犹豫，因为花瓶不是普通的花瓶，而是一件价值不菲的古董。但当时看着哭声越来越大的儿子，妈妈来不及考虑太多，忍痛将花瓶打破了。

打破花瓶后，妈妈赶紧看儿子有没有受伤，但儿子的手紧握着拳头，似乎无法张开。原来，孩子的手张不开，是因为他紧握着一枚一元硬币。孩子的手抽不出来，其实不是因为花瓶口太窄，而是因为他不肯放手。

为了一元钱，损失却难以估算，很多人认为不值，但妈妈却认为值得，孩子至少平安无事。其实，从字面意义上，不难看出“舍得”的真正含义，舍得，有舍才有得。百年的人生也不过就是一舍一得的重复。只要我们真正把握了舍与得的机理和尺度，便等于把握了人生的钥匙、成功的门环，在人生的关键之处能够游刃有余。

还有这样一个佛教故事：

有一位禅师去一个居士家做客，在谈天中，居士家养的一只小猴子跑了进来。居士的妻子将小猴抱起来，开玩笑地对禅师说：“大师，你看这小猴子多可爱呀，跟我们人类的模样差不多。”

禅师说：“它比人多了一身毛，若能舍弃，就可以做人了。”

听了禅师的话，居士的妻子笑着说："您法力无边，请想想办法把它变成人吧。"

禅师居然认认真真地说："好吧，我可以试试看。不过，能不能变成人，主要看它自己。"

于是，禅师伸手拔了一根猴毛。这时的小猴子痛得吱吱乱叫，从居士的妻子怀里挣脱出来，逃之夭夭，一会儿就不见了踪影。

这时，禅师长长叹了一口气，摇着头对居士的妻子说："唉，它一毛不拔，怎么能做人呢？舍得舍得，有舍才有得；丝毫不舍，如何能得？"

现实生活中，小舍小得，大舍大得，舍得是选择、舍得是承担、舍得是忍耐、舍得是智慧、舍得是痛苦、舍得是喜悦，舍得就充满在我们琐碎的日常生活中，演绎着成功和失败的故事。鱼与熊掌不可兼得，选择了，舍得了，无非是要真正地知道自己要的是什么，要想得到，必须先舍弃某种东西，有舍才有得。

一笑泯得失，看淡人生苦乐

鲁迅先生早年曾写过一首诗，其中有两句话是“渡尽劫波兄弟在，相逢一笑泯恩仇”。这一笑包含了多少沧桑和宽容！人生短短几十年如行云流水，要珍惜生命。看淡人生的得失，这样生活才会有境界，才不会太累。

《老子》中曾讲：“祸兮福之所倚，福兮祸之所伏。”意思是祸与福互相依存，可以互相转化。比喻坏事可以引出好的结果，好事也可以引出坏的结果。这就如同得失一样，得中有失，失中有得，有时得失的转换可能就在一线之间，厄运之后方可见幸运。

沉船的故事我们看得很多了，自从泰坦尼克的电影搬上银幕，人们对于沉船故事就有一种狂热的痴迷。下面也是一个沉船的故事：

> 在一次大的海上暴风中，豪华的客轮沉没了，有的乘客被救上了小艇，有的乘客随着船沉入深海。有一名乘客很不幸，他跳到了海里，而他却偏偏不会游泳。幸好这时他的旁边漂来一些木箱——那是有的乘客们带的

行李箱，这些箱子让他免于沉没。但是即使有箱子帮助他，但海水的低温与水中随时可能出现的鲨鱼，都在时刻威胁着他的生命。海浪不断翻滚，终于他看见了地平线的影子，那是陆地，他使劲地扑打着海水，海浪把他冲到了那片陆地上。他的性命保住了，但是继而他发现，原来这座小岛是座荒岛，没有人烟。看到这些，他没有绝望，仔细检查自己的物品——那些行李箱，幸运地发现里边居然有很多的用具与食品，虽然有一些被水浸泡坏了，但大部分还可以用，可以帮助他活下去。

这位当代的“鲁宾逊”，每天都翘首看着海上，希望有船来将他救出这个荒无人烟的小岛。然而，很不幸，他盼星星盼月亮，就是没把船盼来。

为了活下去，他辛辛苦苦地砍了几棵树，为自己建造了一座木屋。然而，不幸的事发生了。一天，当他外出寻找食物时，一场大火把他的木屋烧成了灰烬，而且连他放在木屋中的日常用具也被烧没了，这是他生活的依靠呀！他眼睁睁地看着一切都消失在滚滚浓烟中，悲痛交加，眼中充满了绝望。

第二天早晨，当他还在痛苦中煎熬时，风浪拍打船体的声音惊醒了他，一只大船正向他驶来。

他得救了。

“你们是怎么知道我在这里的？”他问。

“我们看见了你燃放的烟火信号。”

原来，他的屋子被烧时产生的浓烟让对方看见了，他们以为有人求救，所以过来救人。

每当人们以为看见希望的时候，又突然出现一些意外把希望打破；而当绝望来临之时，又有希望降临。世界就是这个样子，没有什么可以称得上是真正的希望与失望，人生本来就是一个充满戏剧性的过程，人生在失去的同时也往往会另有所得。

小说《庞城末日》里有这样一个情节：

意大利庞培古城里有位名叫倪娣雅的卖花女。她自幼双目失明，但不自怨自艾，也没有垂头丧气地把自己关在家里，而是像常人一样靠自己的劳动自食其力。

不久，庞培城附近的维苏威大火山爆发，火山爆发之后，庞培城面临一次大地震。此时，整座城市笼罩在浓烟和尘埃中，昏暗如无星的午夜，漆黑一片。惊慌失措的居民跌来碰去寻找出路却无法找到。倪娣雅本来看不见，但由于这些年走街串巷地在城里卖花，她的不幸这时反而成了幸运，她靠着自己的触觉和听觉找到了生路，而且还救了许多人。因为她可以不用眼睛看就能如常人一样行走，此时，她的残疾已成为她的财富。

世上的任何事都是多面的，人们看到的只是其中的一个侧面，这个侧面或许让人痛苦，但痛苦却往往可以转化。

历史上有很多受过苦难最终取得成功的人。他们之所以取得那样伟大的成就，正是因为他们不计较利害得失。所以，当身处逆境时，不要感叹命运多舛。命运向来都是公正的，在这方面失去了，就会在那方面得到补偿。当感到遗憾失去的同时，可能有另一种意想不到的收获。得和失永远是并存的，就像是一对永远也不可能分开的亲兄弟，关键是自己如何把握住机会，如何正确看待得和失这一辩证关系，让自己在失去什么的同时得到比失去更多的好东西。

有一个成语叫作“蚌病成珠”，这是对生活最贴切的比喻。蚌因身体里嵌入沙子，伤口的刺激使它不断分泌物质来疗伤，等到伤口愈合后，旧伤处就出现一颗晶莹的珍珠。每粒珍珠都是由痛苦孕育而成的，任何不幸、失败与损失，都有可能成为有利因素。

得与失在我们心中，可能只有一线之隔，所以对于得失，我们要认识分明。在生活中，有的得不是想得就能得的，有的失不是想失就可失去的；有的得是不能得的，有的失是不应失的。谁得到了不应得到的，就会失去应该拥有的。当贪婪者取得不义之财的同时，就失去了不应失去的清廉。因此，当得者得之，当失者失之，坦然面对得失，得之，不要大喜，不可贪得无厌；失之，切勿大悲，不可失去精神。得与失，不要看得太重，一切付之于笑谈中，方是平常心。

重新理解“舍”与“得”

不论是在生活中，还是在职场上，很多人都容易犯一个错误，那就是喜欢抓住已有的东西不肯放手。他们之所以不肯放手，是因为害怕失去，之所以害怕失去，是因为没有理解舍与得之间的真正关系。

通常来说，人们总是把“舍”看成失去、利益受损，把“得”视为收获。殊不知，舍与得不是绝对的，很多时候“舍”的同时，孕育着“得”，“得”的同时，预示着“舍”。因此，我们有必要重新认识舍与得的关系。

在一座山上生长着一朵小花，它的旁边有一棵高大的松树。小花认为自己是幸运儿，因为有松树为它遮风挡雨，它几乎将大松树视为生命的保护伞。可是，有一天，山上来了一群伐木工人，将大松树砍倒了。

小花失去了保护伞，开始为自己的命运担忧起来，于是它整天痛苦地抱怨：“上帝啊！人们把我的保护伞夺去了，我会被那些嚣张的狂风折磨死的，倾盆大雨会砸碎我的花瓣，我再也没有安宁的日子过了……”

“哦！朋友，你今后的日子会越来越好的，”不远处的小草对小花说，“只要你换个角度想想，就会发现失去了大松树是一件好事。你看，阳光会直接照耀着你，雨水会滋润着你，你会长得更加茁壮，你的花瓣在阳光下将会更加灿烂。当人们看到你时，会因为你的美丽而称赞你，难道这样的日子不是你想要的吗？”

小花听了小草的引导和点拨，豁然开朗起来，从此以后，它换了一种心态去生活，果然日子过得比以前还好。

生活中，我们可能也会突然失去一些东西，这些东西可能是我们长久依靠的。在失去的瞬间，我们一时难以接受事实，会为失去的感到惋惜，甚至会埋怨命运的不公。可是过了一段时间后，会发现自己的生活并没有受到那些失去的东西的影响。

这是为什么呢？因为失去不是绝对的，失去了月亮，我们可能发现星星的灿烂；失去了阳光，我们可能发现雨露也是那么美好。我们会因“失去”而得到锻炼，获得新的体验，收获不一样的感受。只要懂得换一种心态去看待“失去”，就会发现，在失去的同时，也能获得许多。

可是，“得”并不是人生追求的终极目标。当得的时候，不妨学会放弃，有舍有得，才是人生的最高境界。比如功名利禄等，该放弃的时候应该放弃，懂得放弃，才不会陷于盲目追求，才不会陷于得与失的苦恼之中。

勇于放弃，才会赢得更多

今天的放弃，是为了明天的收获。想干出一番事业的人不会计较一时的得失。苦苦地挽留夕阳，是傻人；久久地感伤春光，是蠢人；什么也不放弃的人，往往会失去更珍贵的东西。舍不得家庭的温馨，就会羁绊起程的脚步；迷恋手中的鲜花，很可能就耽误了美好的青春。

人生旅途上首先要学会珍惜，珍惜自己在学业、事业上取得的哪怕是极其微小的成绩和荣誉。因为任何微小的成绩和荣誉都来之不易，你都曾为之付出过艰辛。俗话说“聚沙成塔”“滴水成冰”，都含有“积少成多”这样一个简单、朴素的道理。我们在前进过程中的每一个进步都是可贵的，珍惜它，就是珍惜自己的劳动，就是珍惜自己生命的进程。

然而，人生路途上只学会珍惜是不够的，还要学会放弃。这个“放弃”不是通常所说的“丢掉”，它的特定含义是，提醒自己不要过于迷恋已经取得的成绩和荣誉，不要过于沾沾自喜而耽误了向前赶路，耽误了去摘取更为辉煌的成功果实。俗话说“天外有天，人外有人”，就是告诫人们不要自满，不要停止继续进取的步伐。

有人问著名作家刘墉：“从您的书中得知，您曾任台湾某电视台的节目主持人，而且业绩突出，可在事业到达顶峰时，您毅然选择了离职，到美国去做美术教员。这在一般人是很难理解，也是很难做到的，您当时是基于何种考虑?”

刘墉回答：“道理很简单，就好比一个人登山，历尽千辛万苦到达顶峰时，唯一的选择只有下山。一方面，是开始走下坡路；另一方面，如果还要登另一座山，那么，首先要做的就是从现在的山上下来。我无非是想多登几座山，从不同的高度看看风景。”

又有人问：“您曾提到过在上大一的时候，主动向老师请求放弃英文课程。可谁都知道，英文是非常重要的，这种考虑是否曾影响过您的大学成绩?”

刘墉回答：“英文的确是非常重要的，可大学四年是多么好的年龄，我要画画，要练习演讲，要参加校外活动，要搞写作，要交女朋友……哪有那么多精力？只能在有限的时间里努力，珍惜这宝贵的四个年头。还好，我的努力没有白费，演讲拿到了第一，这为后来成为主持人的我打下了口才基础；画画的功底很扎实，这为后来成为美术教员的我挣得了饭碗；校外活动频繁，这为成为记者、编辑，进而创办出版社的我打下了实践社会的基础；多有诗作和散文发表，造就了后来成为作家的我；最重要的是，在那个时候，我认识了我未来的妻子……

“我只放弃了一门课程，却赢得了生活和事业方面的种种资源。毕业前近一年时间，我重新学起了英文。当时旧的单词还没有忘光，所以还有新鲜感，头脑刚好用于记忆，考试顺利通过。四年下来，一门课也没有耽误。其实道理很简单，我认为人一旦到了上大学的年龄，就应该开始规划自己的人生。”

人的精力和时间有限，不可能面面俱到，有时为了做自己真正想做的事情，拥有自己希望的人生，就不得不放弃很多东西。这是人生的无奈，但却是必须要面对的。

得不到就放手，是留给自己最美的姿态

有个女孩在与男友分手之时异常痛苦，两只手紧紧抓住男友的手，指甲掐入对方肉中。

男友说："放手吧，我已经不再爱你、不再属于你了，你又何必抓着我不放呢？"

女孩始终不肯放手。

女孩的好友也在现场，见女孩如此痛苦，劝她："你为什么要抓住一个不再属于你的人呢？你放手吧，让他去，就好过，就舒服了，旧的不去，新的不来，放开不属于你的，才能找到属于你的。"

女孩听了很宽心，放心了，一放手，果然就轻松了。

得不到就放手，是留给自己最美的姿态。当你放手的那一刻，你就找回了自己！

当然，必要的执着是一种坚持的勇敢，比如对生活执着，是一种信念；对工作执着，是一种责任；对爱情执着，是一种承诺。可是如果在应该放手的时候学会放手，那不也是人生中一种美丽的姿态吗？请学会放手吧，慢慢地品味，你会

发现，那悲那喜、那得那失，都在放手间，忽然变得豁然开朗，你会感觉到上天赐予每个人的都是幸福，就看你如何去感受了。

有的人感觉活着很轻松，而有的人却总是喊累。为什么累？因为你手里握的东西太多。我们一路前行，一路采撷，拿在手里的越多，负担也就越重。当森林里太阳初升的时候，狮子睁开眼睛的第一个念头就是：吃到最美味的猎物，躲开对手的进攻，于是它向森林深处奔去。我们也一样，每天早上一睁开眼睛，就在为那些攥在手中和打算攥在手中的理想而伤神。然而，负重的蜗牛最痛苦的不是自己爬得太慢，而是压力太重。

燕子放弃了温暖的巢穴，扇动翅膀，去寻找属于自己的天空；烟花放弃了短暂的生命，惊鸿一现，也要把最美丽的一瞬间留给暗夜的星空。物犹如此，人何以堪？

懂得放手的人是理智的，如范蠡就懂得“飞鸟尽，良弓藏；狡兔死，走狗烹”；懂得放手的人是明智的，当鲁迅发现留学多年的医学救不了中国人的灵魂时，及时放手，转而从文，用手中的笔书写拯救民族的篇章。我们是不是也曾经一度认为放手是一种对理想的背叛，抑或是消极懈怠的生活态度？其实，你不妨想一想，对一份攥在手里却不能带给自己快乐的欲望，还有什么依恋的意义？不如就此放开，就会得到另一种幸福。

其实放手，并不是视而不见、凡事都无所谓，恰恰相反，只有适当放手，才能看见该看见的、在乎该在乎的、拥有该拥有的。

丢掉无谓的固执

有一条河流从遥远的高山上流下来，流过了很多村庄与森林，最后它流到了一片沙漠。它想："我已经越过了重重障碍，这次应该也可以越过这片沙漠吧！"当它决定越过这片沙漠的时候，发现自己总是会在泥沙之中渐渐消失。它试了一次又一次，却总是徒劳无功，于是，它灰心了。"也许这就是我的命运了，我永远也到不了传说中那浩瀚的大海。"它颓废地自言自语。

这时候，四周响起了一阵低沉的声音："如果微风可以跨越沙漠，那么河流也可以。"原来这是沙漠发出的声音。

河流很不服气地回答说："那是因为微风可以飞过沙漠，可是我却不可以。"

"因为你坚持你原来的样子，所以你永远无法跨越这片沙漠。你必须让微风带着你飞过这片沙漠，到达你的目的地。你只要愿意放弃你现在的样子，让自己蒸发到空中。"沙漠用它低沉的声音这样说。

河流从来不知道有这样的事情，"放弃我现在的样子，然后消失在微风中？不！不！”河流无法接受这样的事情，毕竟它从未有这样的经验，叫它放弃自己现在的样子，那么不等于是自我毁灭了吗？“我怎么知道这是真的?”河流这么问。

“微风可以把水汽包含在它之中，然后飘过沙漠，等到了适当的地点，它就把这些水汽释放出来，于是就变成了雨水，然后，这些雨水又会形成河流，继续向前进。”沙漠很有耐心地回答。

“那我还是原来的河流吗?”河流问。

“可以说是，也可以说不是。”沙漠回答，“不管你是一条河流或是看不见的水蒸气，你内在的本质从来没有改变。你之所以会坚持你是一条河流，因为你从来不知道自己内在的本质。”

此时，河流的心中，隐隐约约地想起了自己在变成河流之前，似乎也是由微风带着自己，飞到内陆某座高山的半山腰，然后变成雨水落下，才变成今日的河流，于是，河流终于鼓起勇气，投入微风张开的双臂，消失在微风之中，让微风带着它，奔向它生命中（某个阶段）的归宿。

固执是我们迈向成功的绊脚石。生命的历程往往也像河流一样，想要跨越生命中的障碍，达到某种程度的突破，向理想中的目标迈进，也需要有“放开自我”的智慧与勇气，去迈向未知的领域。当环境无法改变的时候，我们不妨试着改变自己。只有懂得变通，懂得顺应潮流，才能找到一条生存之道。

有一位对上帝非常虔诚的神父，很受邻人尊敬，是神职人员的典范。一次，突然天降暴雨，倾盆大雨连续不停地下了20天，水位高涨，迫使神父爬上了教堂的屋顶。正当他在那里浑身颤抖时，有个人划着船过来，对他说道："神父，快上来，我把你带到高地。"

神父看了看他，回答道："我一直按照上帝的旨意做事，我真诚地相信上帝，因为我是上帝的仆人，因此你可以驾船离开，我将停留在这里，上帝会救我的。"

那个人划着船离去了。

两天之后，水位涨得更高，神父紧紧地抱着教堂的塔顶，水在他的周围打着旋。这时，一架直升机飞来了，飞行员对他喊道："神父，快点，我放下吊架，你把吊带在身上安好，我们将把你带到安全地带。"

神父回答道："不，不。"他又一次讲述了他一生的工作和他对上帝的信仰。这样，直升机也离去了，几个小时之后，神父被水冲走，淹死了。

神父死后，升入天堂。他对自己最后的遭遇颇为生气，来到天堂时，情绪很不好。他气冲冲地在天堂中走着，突然碰到了上帝，上帝说道："麦克唐纳神父，欢迎你！"

神父凝视着上帝，说："40年来，我一直遵照您的旨意做事，而当我最需要您的时候，您却让我被淹死了。"

上帝微笑着说："哦！神父，请原谅，我确信我给你派去了一条船和一架直升机，是你的固执害了你。”

这位神父固执得很可悲，的确，固执者坚持己见，缺乏变通的智慧，因而常常正邪不分、忠奸不辨。没有见识，就不能观其人、听其言、察其行，因此就不能知己知彼，不能客观、公正地判断人或事，这样势必后患无穷。

我们从小就懂得“水滴石穿”“绳锯木断”的道理，它们无一不在说明坚持不懈带来的成功，“半途而废”的行为往往让人唾弃、为人不齿，然而生活中就有些事情却需要“半途而废”，即在适当的时候学会转换思维，灵活地跨越生命中的各种障碍，有时不切实际地执拗，是一种愚昧与无知，而放弃，则是一种智慧。

放弃需要智慧

放弃是一种处之泰然的大度，汲汲于名利者永远不知道满足。金山银山，换不来会心一笑；机关算尽，只留得千载骂名。请记住这样一句话：最优秀的人宁愿要一件东西而不要其他一切。

放弃是一种顾全大局的果敢，放弃同样需要勇气和胆略。面对全军覆没的危险，有胆略的军事家会说："三十六计，走为上策。"面对将要破产倒闭的厄运，有眼光的企业家会说："留得青山在，不怕没柴烧。"

人类本身就喜新厌旧，都喜欢焕然一新的感觉，然而不学会放弃，无论如何也无法焕然一新。因此，学会放弃也就成了一种境界，大弃大得、小弃小得、不弃不得。在生活中，我们应该学会遗忘不如意的事情，学会放弃生命中可有可无的东西。只要做到了这一点，我们的心胸自会坦然。

有一个聪明的年轻人，很想在一切方面都比他身边的人强，尤其是想成为一名大学问家。可是，许多年过去了，他在其他方面都不错，学业却没有长进。他很苦恼，就去向一个大师求教。

大师说：“我们登山吧，到山顶你就知道该如何做了。”

那山上有许多晶莹的小石头，很是迷人。每见到他喜欢的石头，大师就让他装进袋子里背着，很快，他就吃不消了。

“大师，再背一些小石头，别说到山顶了，恐怕我连动也不能动了。”他疑惑地望着大师。

“是呀，那该怎么办呢？”大师微微一笑，“该放下不放下，背着石头怎么能登山呢？”

年轻人一愣，忽觉心中一亮，向大师道完谢走了。之后，他一心做学问，进步飞快。

古人云，壁立千仞，无欲则刚。这其实是一种境界，一种修养。没有太多的欲望，就会活得更加简单，更加洒脱，更加自由。

学会放弃吧，放弃并不完全代表着失败和气馁，务实地放弃是为了更少地失去。有时，选择了放弃，也便选择了成功与获得。

第六章

放下苛求，人生没有尽善尽美

完美只是努力的方向，不是终极的追求

世界上永远都没有完美的人。学会包容别人，允许每一个人个性化地存在，学会清醒地认识自我，正确地调整自我，完全地掌握自我，做一个拥有快乐和幸福的人。

事事追求完美其实是一件痛苦的事。在这个地球上，十全十美的事是不存在的，完美只是人们的一个目标、一个方向和一个憧憬。

有这样一个童话故事：

> 有一个圆被人劈去了一小部分，它感到非常自卑。它想要找回一个完整的自己，为此它到处去寻找属于自己的那块碎片。因为它认为自己不是完整的，所以努力地寻找。在寻找的时候，它滚得很缓慢。一路上，它与鲜花们为伴，同昆虫们交谈，充分地享受到了生活的乐趣。它找到很多碎片，可惜都不是从自己身上掉下来的那块。它并不气馁，继续寻找着……终于有一天，它如愿以偿地找到了那块碎片，并且使自己重新成为了一个完整的圆。然而它却发现自己滚动得太快了，以致错过

了花开的季节，忽略了昆虫的呢喃，体会不到生活的乐趣。后来它终于意识到了这一点，于是毅然丢掉了那块历尽千辛万苦才找到的碎片。

世界上本来就没有完美无缺的人与事。人一走向绝对，就走入了误区。然而在现实生活中，无数人却不止一次地犯同样的错——过分地追求完美。他们常常在生活中寻找完美之人，不仅对自己的各个方面要求完美，也要求别人是完美之人。正是由于陷入这种误区，使得很多人错失良机，失去友情、爱情，失去自我，甚至改变了对生活、对世界的看法。

世界上没有完美的人和事，我们不必去苛求完美。

美国作家哈罗德·斯·库辛写过一篇《你不必完美》的文章，在文中他讲了这样一个故事：

因为在孩子面前犯了一个错误，他感到非常内疚。他思忖自己在孩子心目中的美好形象从此不复存在，怕孩子不再爱他，所以他不愿意主动认错。在内心的煎熬下，他艰难地过着每一天。有一天，他终于忍不住主动给孩子道了歉，承认了自己的错误，他惊喜地发现，孩子比以前更爱他了。他由此发出感叹：人犯错误在所难免，那些偶尔犯错误的人往往是可爱的，没有人期待你是完美的。

一个“完美”的人，从某种意义上来说，也是一个可怜的人，他体会不到生活里有所追求、有所希冀的感觉。正因为“完美”，他也无法体会当自己得到了一直追求的东西时那种喜悦的感觉。所以，不必去羡慕完美。在生活中，正因残缺，才能让人有更高的期待。做人做事都不必苛求完美，完美有时或许是一种负担。完美没有极限，也没有标准，因而永远无法企及。追求完美是给精神套上枷锁、压上包袱，这样会忘却身边已经存在的快乐与真实。“知足者常乐”是一种洒脱，把一切的烦恼与逆境都看作会消逝的烟云，这就是生活的另一种美。没有刻意的要求，也就没有失落，一切都还原到真实，其实完美的并不是事物，只是愉悦的心情。

我们应该看到自己的优点，也应该接受自己的缺点，世上本来就没有完美的人生。因此，不必戴着假面具去生活，其实很多痛苦和烦恼都是自找的。

是最完美的。这一点在老师父看来，是一种平常心，一种禅心，用佛教术语来说那就是慧根。老师父需要的，就是这样一种平常心。

现实生活又何尝不是如此呢？许多人为了追求所谓的完美，付出了很多，失去了很多，可到最后却仍然没有得到完美，就像那个空手而归的徒弟一样。到最后他们会发现，为了寻找一片最完美的树叶而失去更多的机会简直是得不偿失。

生活，只要自己开心就好。这就好像洗澡水一样，不是越冷越好，也不是越热越好，而是自己觉得舒服就行。也许，这就是一种平常。那一片最完美的树叶你无法想象，别人也无法想象，其实没人知道它究竟应该是什么样子。

世界上有太多追求完美的人，他们似乎不把事情做到完美就不罢休。这种人到了最后，大多会变得灰心失望，因为我们所做的事情，本来就不可能完美。所以说，完美主义者本身就是一个不完美的结果。

一心追求绝对完美的人生本来就是不完美的。人的一生就像一场竞赛，再成功的人也有失手的时候，再失败的人也有出色的瞬间。其实只要认真对待生活，正确看待自己，我们就会发现，完美只在理想中，平常心才是人生快乐的根本。

只与自己比成长，不与巨人比身高

在现代社会，竞争日益激烈，身边到处都有比我们强的人。如果总想超过别人，处处都要抢在别人前面，内心就会承受巨大的压力，也会为此烦恼和忧虑。面对竞争，最好的方法就是只与自己比成长，不与他人争高低。相反，如果一味地与人争高低，只能使自己陷入困境。下面就是一个这样的例子。

日本精工集团在与瑞士名表“欧米茄”的多次竞争中都处于下风，于是，管理层准备将目标转向石英表，以此来寻找突破点。石英表的运行机理是在石英上通入电流，使其发生伸缩性规律振动，然后将此振动以电气的方法连接马达来划分时间。从振动的精确性来说，机械表根本无法与石英表相比。因为石英表拥有耐震的能力，所以它的计时几乎不受温度等其他因素的影响，能够达到十分精确的程度。

精工表在1968年参加纽沙贴夫天文台的钟表比赛时，15块精工牌石英表的参赛成绩令考评者哑口无言——瑞士表都排在了日本精工表的名次之后。这个结果对瑞士人无疑是一个沉重的打击。在这个沉重的打击下，瑞士厂商忧心忡忡，直到第二年才把得分表寄回日本，同时没有公开名次，并宣布从此停办纽沙贴夫天文台的钟表竞赛。这意味着有着百年辉煌历史的瑞士钟表的黄金时代宣告结束。为了洗刷耻辱，瑞士人更加追求机械钟表的极致和高精确度，而忽视了参赛钟表耐性差、成本高等难以商品化的缺点，他们刚从惨败中逃出，却又步入了误区。日本精工集团则恰好相反，他们并没有因此而自傲，而是迅速转移思路，准备将竞赛的成绩转化为生产力，做出了将石英表商品化的战略决策。

接着，日本精工集团的高层又制定了明确的生产目标——生产大众化、小型化的石英表。1967 年，在日本东京举办的新产品发布会上，展出了外表直径 30 毫米、厚 3.5 毫米的石英表——精工 35SQ。这在当时是件重大的事情，整个钟表业为之震动。其实瑞士的钟表中，CEH 开发石英钟表比日本早，但到了 1968 年才开始出售产品，迟了半年。而此时精工表已经在市场上站稳了脚跟，瑞士钟表厂家又失去了一次机会。

从上面的例子可以看出，日本精工集团非常清楚自身的长处，在与瑞士名表“欧米茄”几次较量都失败的情况下，他们马上决定把目光转向石英表，以此来作为突破。而瑞士名表“欧米茄”不知道追求自身的发展，而是一味地与日本精工集团进行竞争，结果使公司陷入逆境。

因此，如果我们能够发现自己的优点，能够把握住自己，不断地发展自己，突出自身优势，就可以增强竞争力，就会取得成功。与自己比，能看到自身的进步，与他人相比，只会使我们士气低落，严重影响着自身的发展。

凯特从小到大，无论做什么事情都比别的孩子慢半拍，同学们讥笑他笨，老师们说他不努力。他费尽心思地去试图改变自己，但是，他却从来没有成功过。直到凯特上了九年级，才被医生诊断出患有动作障碍症。

高中毕业时，凯特也没有像其他同学那样申请名校，他申请了10所最一般的学校，心想总有一所学校会录取他。可直到最后，他连一份通知书也没有收到。后来，凯特看了一份广告，上面写着："只要交250美元，保证可以被一所大学录取。"结果他付了250美元，果真有一所大学给他寄来了录取通知书。入学后，凯特根据自己的情况和特点选择了适合自己的专业——工商管理。因为这个专业不需要敏捷的动作，只需要认真的计算和思考，这样动作障碍症对他学业的影响就变得小了。

在这个大学上了一年后，凯特就转到了另一所大学。大学毕业后，他进入了房地产行业。22岁那年，他开了一家属于自己的房地产公司。从此，他在美国的4个州建造了近1万座公寓，拥有900家连锁店，资产高达数亿美元。

从上面的例子可以看出：如果凯特也喜欢跟同学比较，那么凯特的一生无疑是痛苦的。相反，他却有自己的理想、自己的目标，他一直在跟自己赛跑，不停地与过去的自己比较，这样促使自己不断地成长。

有成就的人未必各项都优秀

不管哪个时代，人们都有崇拜的偶像；不管什么时期，都会出现某一方面杰出的人物，在某一个领域里做出巨大的贡献。时势造英雄，英雄也同样适应了时势的发展。这些名人和伟人被载入史册，被后人顶礼膜拜。然而，“金无足赤，人无完人”，当我们用客观和实事求是的目光来审视的时候，就会发现这些被崇拜和敬仰的人未必都是完美无缺的，他们身上都或多或少地存在着某些显而易见的，有时甚至是致命的弱点。

牛顿是世界物理界泰斗，因苹果落地而发现了万有引力定律，他在力学等方面的巨大贡献不仅对物理学的发展，乃至对其他学科的发展都有极大的推动作用，可牛顿却谦虚地称自己是“站在巨人的肩膀上”。然而，就是这样一位伟大的科学家，他的生活也不是完美的。

牛顿年轻的时候曾经喜欢过自己美丽的表妹，而这个表妹对聪明的表哥也深有好感。终于有一天，牛顿下决心向表妹表白心迹，承诺娶她为妻。牛顿拉着表妹的手，含情脉脉地想要说什么，正在此时，他的脑子里忽然闪现出了一个物理问题，于是牛顿慢慢地沉浸在深深的思考之中。当他猛然回过神来时，发现已经拉着表妹的手有3小时之久了！表妹的满心欢喜被这长久的沉默销蚀得无影无踪，她愤然离去，继而与另一位男子相恋，最后嫁为人妻。牛顿得此消息很是伤感，既然已经失去了一生的真爱，那么只能与另一个最爱——科学共度一生了。

牛顿的名字家喻户晓，他的伟大成就世人皆知。我们追寻牛顿的人生轨迹不难发现，他的爱情世界一片空白；并且老年的牛顿背离了自己为之奋斗一生的理想，走上了与之截然相反信奉上帝的道路。可是，仅凭这点瑕疵就能否认牛顿一生为人类所做出的巨大贡献吗？同样道理，我们在仰视牛顿伟大成就的同时，能对他生命中的这些不足视而不见吗？

伟人如此，更何况是我们这些平凡而普通的人呢？在人生的路上，我们不能迷信，更不能盲从，幸福的定义是现实综合力量和人生目标的平衡。每个人都有自己确定的价值观，每个人都有人格和性情中的先天优势和不足，最重要的是看你以什么样的态度看待问题，以什么样的方法处理问题。名垂青史之人，也不是各方面都优秀，只不过他们的某一项成就足以让他们名留青史，而这些成就早已把他们身上的不足掩饰得恰到好处。

“人至察则无徒，水至清则无鱼”，世界上没有完美无缺的人。如果真有完美无缺的人，你若在他身边，也会觉得非常不适应。相比之下，相形见绌，自然会有一种无形的排斥和威胁。聪明的萧何，在刘邦的面前不时流露出一点贪婪的本性，就是想让刘邦对自己不设防范。自己身上明明有缺点，还要刻意掩饰，就好像掩耳盗铃一样，不过是自欺欺人罢了。面对问题，不能一味地宽容、放任自流，但是也不能过于严厉，不能苛求一切的人和物都像自己想得一样完美。如果把世界理想化，最终受害的只能是自己。

优秀且完美的伟人只能出现在文学作品和民间传说中，即使是优秀者也是有缺点的。能够克服的缺点，就尽量改正，不要刻意让自己一切都做到尽善尽美，否则将适得其反。与此同时，我们也不能把目光只停留在伟人的缺点上，认为既然伟人如此，自己的缺点也不算什么，这样会使自己停止前进的脚步。对于某一件事情，我们只要尽力了，那就是最好的状态。事物都是具有两面性的，在某一种情况下，显现出来的是优势，在另一种情况下，可能就是劣势。因此，我们只能合理地把握自己的长处，勉励自己更豁达些，我们必须明白，没有每个细节都完美的伟人。

不苛求完美才是真实的人生

生活是由苦乐交织而成的，没有哪个人生来就是享受的，总会有各种各样的不如意掺杂其中，这也在很大程度上激发了人们奋斗的意志，以及追求美好生活的勇气。追求完美，是人生积极向上的生活态度，是满足自身、实现理想的过程，然而，过分苛求完美、处处挑剔，就变成了一种病态的心理，天长日久，自然会影响人们健康的生活。

有个年轻人叫伊凡，读了契诃夫"如果已经活过来的那段人生只是一个草稿，有一次誊写，该有多好"这段话以后，心领神会。他打了份报告给上帝，请求在自己的身上做个实验。

上帝沉默了一会儿，看在契诃夫的名望和伊凡执着的分上，决定让伊凡在寻找人生伴侣这件事上试一试。

于是，伊凡的生活中出现了一位非常漂亮的姑娘，姑娘十分美貌，对伊凡也很倾心。伊凡感到很满意，两个人很快结为夫妻。

不久，伊凡发现姑娘虽然长得很漂亮，却不会说话，办事也笨手笨脚的，两个人在许多问题上无法沟通，于是他便把这段婚姻当作草稿删掉了。

伊凡的第二次婚姻对象，要求除了绝顶漂亮以外，还要绝顶能干和绝顶聪明。可是，过了没多久，他发现这个女人脾气暴躁，个性极强。她的聪明成了讽刺伊凡的本钱，能干成了捉弄伊凡的手段。两个人在一起时，他不像是她的丈夫，倒像是她的牛马、仆人。伊凡无法忍受这种折磨，他祈求上帝，既然人生允许有草稿，请准许他易稿。上帝笑了笑同意了。

伊凡第三次成婚时，他要求妻子的诸多优点中又多了脾气特别好这一条，婚后两人和谐亲热，幸福美满。没想到半年刚过，娇妻竟身染重病，卧床不起，如花的面庞变成了憔悴的黄脸，能干亦如水中之月，聪明也毫无用武之地，只剩下毫无魅力可言的好脾气。

从道德角度讲，伊凡应该和妻子厮守终生，但从人性的角度来讲，他无疑是个不幸的人。人生苦短，不能和心爱的人白头偕老难免遗憾。于是，他试探着问上帝，能否再给他一次打“草稿”和“誊写”的机会。上帝面有愠色，但一想到实验结果不尽如人意，最后还是给了他一次修改的机会。

伊凡经历了三次婚姻，心智已经成熟，眼光也更老练，最后他选了一位年轻、漂亮、能干、聪明、温顺、健康，几乎是没有缺陷的“天使”。他满意极了，正想向上帝报告成功的喜讯，没想到“天使”竟然提出反对意见，因为她了解到伊凡是一个朝三暮四的浪荡男人，所以坚决不同意嫁给他。

上帝为了确保伊凡的实验获得成功，没有应允。

“天使”说：“在我之前已经有三个女人被伊凡当作草稿删除了，作为上帝的实验和善行，难道女人就不能拥有一次打草稿和誊写的机会吗?”

上帝觉得“天使”说得有道理，就同意她把伊凡当作草稿删除了。

受到打击的伊凡闷闷不乐地在人生路上踯躅，忽见前方新竖起了一个路标，上面是契诃夫的名言：“完美不过是一种理想，允许你做10次修改也不会没有遗憾。”

纷繁复杂的生活充满了起伏和坎坷，个人的力量无法改变生活的客观条件，遇到不适合自己的环境，不能改变就只能去适应。对于生活，不仅要积极地追求，更要学会达观地面对，把握住当下的快乐和幸福才是正确的选择。

学会欣赏自己的不完美

一位心理学家做了这样一个实验：

他在一张白纸上点了一个黑点，然后问他的学生看到了什么。学生们异口同声地回答，看到了黑点。于是，心理学家得到了这样的结论：人们通常只会注意到自己或他人的瑕疵，而忽略其本身所具有的更多的优点。是呀，为什么他们没有注意到黑点外更大面积的白纸呢？

一位人力三轮车师傅，五十多岁，相貌堂堂，如果去当演员，应该属偶像派。当别人问他为什么愿意做这样的“活儿”时，他笑着从车上跳下，并夸张地走了几步给人家看，哦，原来他是跛足，左腿长，右腿短，天生的。

这一情况弄得问者很尴尬，可他却很坦然，仍是笑着说，为了能不独自走路，拉车便是最好的伪装，这也算是“英雄有用武之地”。他还骄傲地告诉别人：“我太太很漂亮，儿子也帅！”

有这样一位女子，她喜欢自助旅行，一路上拍了许多照片，并收集出版。她常自嘲地说：“因为我长得丑，所以很有安全感，如果换成是美女一个人自助旅行，那就很危险了。我得感谢我的丑。”

其实，在人世间，很多人注定与“缺陷”相伴而与“完美”相去甚远。渴求完美的习性使许多人做事小心谨慎，生怕出错，因此必然导致其保守、胆小等性格特征的形成。在现实生活中我们不难发现，有的人长得一表人才，举止得体，说话有分寸，但你和他在一起就是觉得没意思，连聊天都没丝毫兴致。这些人往往是从小接受了不出“格”的规范训练，身上所有不整齐的“枝丫”都被修剪掉了，于是便失去了个性独具的风采和神韵，变得干巴、枯燥，没有生机，没有活力。客观地说，人在性格上的确存在着“缺陷美”，即在实际生活中，那些性格有“缺陷”而绝对不属于十全十美的人反而显得更具有内在的魅力，也更具有吸引力。

生活中，要克制住对自己的审判，正视自己的所有缺点与不足，坦然地面对现实，心灵平静，不为难自己，不自己设公堂审判自己、不自寻烦恼。要以一颗平常心看待自己，看待周围的环境，不必苛求，尽情地享受属于自己的生活，让自己活得轻松一些。

缺陷和不足是人人都有的，但是作为独立的个体，你要相信，你有许多与众不同甚至优于别人的地方，你要用自己特有的形象装点这个丰富多彩的世界。也许你在某些方面的确逊色于他人，但是你同样拥有别人所无法企及的专长，有些事情也许只有你能做而别人却做不了。

学会欣赏自己的不完美，并将它转化成动力才是最重要的。拿自己与别人相比是毫无意义的，因为你根本不知道别人在生活中的目标与动力以及别人独一无二的能力。别人有别人的才干，你有你的才干。我们常常认为才干就是音乐、艺术或智力方面的天赋，但实际上，人人都有奇妙的却被自己忽视的才干，诸如激情、耐力、幽默、善解人意、交际才能等，它们都是可以帮助你取得成功的强有力的工具。

中国古代哲学家杨子曾对他的学生们说："有一次，我去宋国，途中住进一家旅店里，发现人们对一位丑陋的姑娘十分敬重，而对一位漂亮的姑娘却十分轻视。你们知道这是为什么吗？"学生们听了之后说什么的都有。杨子告诉他们："经过打听才知道，那位丑陋的姑娘认为自己相貌差而努力干活而且品格高尚，因此得到人们的敬重；而那位漂亮的姑娘则认为自己相貌美丽，因而懒惰成性且品行不端，所以受到人们的轻视。"

做人的道理也是这样，是否被人尊敬并不在于外貌的俊与丑。美绝不只是表面的，而是有着更深层次的内涵。如果表面的美失去了应该具有的内涵，就会为人们所抛弃，那位漂亮姑娘就是最好的例证。勤能补拙，也能补丑，这是那位丑姑娘给我们的启示。

在错误中学习，而不是在错误中自责

生活中，我们经常要与人交流。为了展现出自己的形象，我们总是那么亲切、那么有爱心，即使看到对方失误，也会抱着宽容的心态一笑而过。可是如果我们自己犯了错，却会在心里一遍遍自责："怎么这么一点儿事自己都没有做好？当时要是细心一点就好了。"或是："我真该死，这样的错怎能让它发生？"

为什么我们总会对别人表现出宽容，却不懂得仁慈地对待自己，而是要求自己完美无缺呢？犯错是每个人人生的必然，人非圣贤，孰能无过？所以，犯了错，不代表自己就该承受如下地狱般的折磨。否则，我们只能在失落的情绪中越陷越深，将生活搅得一团糟。我们唯一能做的，就是正视这种错误的存在，在错误中学习，以确保未来不会发生同样的憾事，从而继续前进。

郑军和徐渭是一对好朋友，更是工作上的好伙伴。一天，两个人一起制作某歌手的音乐电视，郑军负责整理素材，而徐渭进行剪辑。

一开始，两个人配合得非常默契，很快任务完成了一半。这时，郑军起身倒水，不小心踢到了电源插座。顿时，两个人的电脑黑了下来。这意味着之前的工作全部白费，必须从头再来。

看到惊愕的徐渭，郑军立刻乱了手脚，紧张地说："我……我不是故意的……"

徐渭见郑军脸色很差，急忙说："没事的，咱们再来一遍就好了。毕竟已经做过了一遍，很快就会再赶回来的。别担心了，这种事情很正常的，谁没遇到过意外呢?"

不过，徐渭的安慰并没有让郑军平静下来，郑军嘴里不断地念叨着："都怪我不好……都怪我不好……"见他如此，徐渭赶紧让他去另外一个屋子休息。

整整一天，郑军都不能原谅自己，甚至还狠狠抽了自己一个巴掌。他明白，自己的失误使进度慢了许多，按时完成工作已经很难。就这样，他一天都处在唉声叹气之中。

到了下午，郑军的情绪终于有了些许缓解，这时他走进工作间，却发现工作几乎已经被徐渭做完。徐渭看着他，擦了擦头上的汗，开玩笑地说："哥们儿，你情绪好点了吧？我真怕你为此自杀呢!"

看着徐渭快乐的表情，郑军突然感到："我的失误，造成了工作拖延，可是，徐渭不但没有怪我反而还安慰我，而我却责备自己，导致了进度更加缓慢，唉，我这是何苦呢?"想到这里，郑军终于开朗起来，和徐渭一起用了不到半个小时的时间，将剩下的工作全部完成。

人的一生中，势必会遇到各种各样的麻烦，其中有一些的确是自己造成的。可是，如果我们总是深深地自责，一辈子都背负着罪恶感过活，还能奢望自己快乐吗？

人生旅途中，总有顺风之时，亦有逆风之时，无论怎样，我们都必须前进。而宽容自己的失误，才能把犯错与自责化为成功的助推力。要明白，没有人能够十全十美，接受自己的优点，也接受自己的缺点，才能保持心态上的平衡。

还有的人，看到自己的性格有些缺点，就认为自己是邪恶的，难成大器的，因此一蹶不振。其实，我们应当懂得，少许性格缺点不能说明我们就是不受欢迎的人，更不是我们痛苦的理由。

在现实生活中，人会有各种各样的心境、冲动、品性、情感，我们应该为之高兴才是。史蒂文森曾经说过：“世界是如此的丰富多彩，我们就像国王般幸福快乐。”这句话虽然带着孩子般的天真烂漫，但如果采取前述的态度理解这句话，我们便可以充分领会到这句话的深刻内涵。

第七章

掌控情绪，关注人生美好的一面

无法改变现实，就改变心情

明朝的文学家陆绍珩说，一个人生活在世上，要敢于“放开眼”，而不向人间“浪皱眉”。“放开眼”和“浪皱眉”其实就是对人生正反面的选择。你选择正面，就能乐观自信地舒展眉头，面对一切“放开眼”；你选择反面，就只能郁郁寡欢，为最终成为人生的失败者而“浪皱眉”。

一个阳光的人，心情乐观开朗，人生态度也是积极的，不管在工作中还是在生活上，都能很好地完成任务。因此，这类人自我价值的实现也就相对比较多。自我价值实现得越多，自我肯定及成就感也就越多，这样就能拥有更加快乐的心情。

相反，一个阴暗的人，心情悲观抑郁，整天愁眉苦脸地面对生活，不管做什么事情都不积极，甚至错误百出。这类人自我价值的实现就会越来越少，自我否定的因素就会增加，自己的心情会更加消极抑郁。

因此有人说，积极的心态会创造幸福的人生，而消极的心态则让人生充满阴霾。积极的心态是成功的源泉，是生命的阳光和温暖，而消极的心态则是失败的开始，是生命的无形杀手。

有一个对生活极度厌倦的绝望少女，她打算以投湖的方式自杀。在湖边，她遇到了一位正在写生的老画家，老画家正专心致志地画着一幅画。少女鄙视了老画家一眼，心想：幼稚，那跟鬼一样狰狞的山有什么好画的！那跟坟场一样荒废的湖有什么好画的！

老画家似乎注意到了少女的情绪，但他依然专心致志、神情怡然地画画。过了一会儿，他对少女说："姑娘，来看看画吧。"少女走过去，冷冷地看着老画家和他的画。

少女被画吸引了，她从没发现过世界上还有这样美丽的画面——"坟场一样"的湖面成了天上的宫殿，"鬼一样狰狞"的山成了美丽的、长着翅膀的女人。此时，少女竟然将自杀的事忘得一干二净。

少女的身体在变轻，在飘浮，她感到自己就是那袅袅婀娜的云……良久，老画家突然挥笔在这幅美丽的画上点了一些黑点，似污泥，又像蚊蝇。少女惊喜地说：星辰和花瓣！老画家满意地笑了："是啊，美丽的生活是需要我们自己用心发现的呀！"

其实，少女和老画家看到的景色并没有区别，仅仅是当时他们的心态不同。生活的美与丑，全在人们自己怎么看。如果你将心中的丑陋和阴暗面彻底放下，然后用一种乐观积极的心态去体验生活，就会发现，生活处处都美丽动人。

悲观失望的人在挫折面前，会陷入不能自拔的困境；乐观向上的人即使在绝境之中，也能看到一线生机，并为此努力。诗人胡德说："即使到了我生命的最后一天，我也要像太阳一样，总是面对着事物光明的一面。"

到处都有明媚宜人的阳光，乐观的人一路纵情歌唱，即使在乌云的笼罩之下，他们也会对未来充满期待，跳动的心一刻都不曾沮丧悲观。不管他们从事什么职业，都会觉得工作很重要、很体面。即使衣衫褴褛，也无碍于他们的尊严，他们不仅自己感到快乐，也给别人带来快乐。

世界是快乐的还是悲伤的，是精彩的还是单调的，关键在于人们怎么看。既然世界的变化完全是由自己的感觉来决定的，那么，何不让自己永远保持乐观的心态呢？

安德烈小的时候，不知道从哪儿得到了一堆各种颜色的镜片。他喜欢用这些有颜色的镜片遮挡眼睛，站在窗台上看窗外的风景。透过粉红色的镜片，面前的世界便是一片粉红色；透过蓝色的镜片，世界就是一片蓝色；透过黄色的镜片，世界又变成一片黄色。用不同的镜片去看眼前的世界，世界便为他呈现不同的颜色。

后来，安德烈渐渐长大，每当遇到不高兴的事情的时候，他就会想起这件事情。他总是对自己说："世界并没什么不同，我可以决定这个世界的颜色啊！"

安德烈的经历给了人们很好的启示：既然你不能改变一些无法改变的东西，那就改变一下自己的心情吧。

世界的色彩是随着人们情绪的变化而变化的，你拥有什么样的心情，世界就会向你呈现什么样的颜色。所以，别让悲观挡住了生命的阳光，在困难的时候，你完全可以用乐观的心情让自己继续前行。

与其抱怨命运，不如调整心态

很多人都习惯于把自己的失败和生活中的不如意归结于自己的“命”不好。可事实上，不是他们的命运不好，而是消极的心态影响了他们。英国著名文学家狄更斯就曾说：“一种健全的心态，比一百种智慧更具力量。”这句不朽的名言告诉我们这样一个真理：有什么样的心态，就有什么样的人生。同一件事情由不同心态的两个人去做，其结果必然相反。所以，与其抱怨命运，不如把自己的心态调整到积极的一面。

我们每个人每天都会遭遇很多事情，这些事情有好有坏。碰上坏事情，一些人的心情也随之变得糟糕起来。其实，这是没有必要的。因为凡事都有好的一面，都蕴藏着美好的东西，这就要看你用什么样的心态去面对它。

有一个人从一棵椰子树下经过，一只猴子从上面丢下来一个椰子，正好打中了他的头。

这人摸了摸肿起来的头，然后把椰子捡起来，喝椰汁，吃果肉，最后还用椰壳做了一个碗。

亲爱的朋友，假如猴子丢下的那个椰子打中的是你的头，你会用什么样的态度来对待这个“意外的打击”呢？如果是怨恨，是咒骂，那么不但无济于事，反而还会使你的心情变得更糟糕；如果你选择了积极的心态，就像故事中的那个人一样，只是摸了摸头上的肿块，然后捡起椰子，饶有兴致地吃掉果肉，并把椰壳做成一只碗。这时你也有可能因心情的变好而感谢那只猴子、头上的肿块和椰子。因为如果没有这一切，或许你就无法解决旅途中的寂寞、饥饿和无聊。

小王和小江同时被公司解雇了，这如同“晴天霹雳”。小王在找不到其他工作时，干脆自己做起了小生意。这是他第一次当老板，做自己以前并不想做、也不熟悉的事。虽然面临很多困难，但小王却突然觉得生活更有意义，更具有挑战性，并认为这一切都是“晴天霹雳”带来的好处。

可面对失业，小江却选择了沮丧、颓废，他不愿重新去找工作，也不愿像小王那样自谋生路，而是一味地怨天尤人，终日咒骂上苍的不公平。

若干年后，小王作为一个施舍者，向街边一个衣衫褴褛的乞丐递过去100块钱，而那个伸着双手、跪在地上的乞丐正是当年的小江。

当初同样的境遇，两人面对“晴天霹雳”的不同心态，造就了他们日后的天壤之别。

因此，当灾难突如其来时，与其以消极的心态待之，不如以积极的心态去化解。当你以健康、积极的心态去化解灾难时，你就有可能从中得到更大的益处。这难道不是人生中的另一番收获吗?

一个人如果心态积极、乐观地面对人生，乐观地接受挑战和应对麻烦事，那他就成功了一半。成功卓越者活得充实、自在、潇洒；失败平庸者过得空虚、艰难。

生活中，之所以失败平庸者多，主要是因为这样的人往往心态有问题。遇到困难，平庸者总是挑选容易的倒退之路，总是想着“我不行了，我还是退缩吧”，结果陷入失败的深渊。成功者遇到困难，仍然拥有积极的心态，用“我要！我能！一定有办法”等积极的意念鼓励自己，从而想尽办法，不断前进，直到成功。

正面看人生，处处有生机

在我们人生的漫长旅途中，最糟糕的境遇往往不是贫困，不是厄运，而是精神和心境处于一种疲惫状态。本来生活得好好的，各方面的条件都不错，然而却常常心存厌倦，不免抱怨一番，这种心态大多由于对生活缺少激情，所以即使面对再精彩的生活，你也会熟视无睹。

人至少要给人生一点惊奇，惊奇处便在停脚处，只有停下脚步的人，才能窥见生命之美。停一停，望一望，生活的美丽便会进入你的脑海。

一天，一个小男孩与他的朋友一起走在市中心的街道上，突然，这个小男孩对他的朋友说："我听见一只蟋蟀在叫，你听到了吗？"

他的朋友竖起耳朵仔细听了一会儿说道："不可能，什么声音也没有，肯定是你听错了。"

小男孩特别坚定地说："不，我真的听到一只蟋蟀叫的声音了。真的！我敢肯定！"

可是，他的朋友就是不相信。"现在到处是熙熙攘攘的人，吵闹声，汽车喇叭声，出租车尖叫声……你怎会在这里听到一只蟋蟀叫？”

但是男孩的态度还是很坚定：“我肯定听到了。”他边说边屏气凝神地搜寻这声音的来源。他们走过一个街的拐角，再穿过一条街道，然后四处寻找。最后在一个街道的角落里看到一小簇灌木丛，小男孩仔细地搜索灌木丛中的枯叶，最后在枯叶堆里找到了那只蟋蟀。他的朋友目瞪口呆。

小男孩对他的朋友说：“其实并不是我的耳朵比你的更敏锐，而关键是你在注意听什么。过来，让我演示给你看。”他把手伸进自己裤兜里摸索了一会儿，然后掏出一把硬币，他将这些硬币一一撒落在地上，硬币撞击水泥地面时发出了清脆的响声。街道周围所有的人都把头扭向了这边。“明白我的意思了吗？”小男孩一边解释给他的朋友听，一边拾起他撒落的硬币，“关键是你在注意听什么。”

是的，我们的耳朵听惯了金钱的撞击声，听惯了上级的命令声，听惯了下级的恭维声……那么它对生活本身所隐藏着的那些美妙声音的感受力就变得无比迟钝了；我们的眼睛戴上了有色眼镜，所以看到的是满眼灰色，生活中那美丽的彩虹怎么都无法进入我们的视线之内。其实生活中处处有风景，只要我们肯仔细找寻，就一定能见到生活绚丽多彩的一面。

生命的多数是平凡的，多数的人生是平淡的，就在这平淡之中藏着真情，平凡里面寓有深意。如果想体验，你要用心才行。把目光从物质上稍稍移开，留点时间和空间给心灵和精神，为它们寻找一个家园。西方一位名人说过："养成观察事物好的一面，比一年赚1000镑更重要。"

在风雪路上疾走着的你，如果遇到了一处可以取暖的房屋，这是一种多么巨大的幸福；下班后带着一身疲惫回到家中，如果能为自己备好一杯热茶和一盘点心，然后卧在沙发上打开电视，又吃又喝又看，那是怎样一种惬意；在街头等朋友等得不耐烦的时候，忽然看到报栏里一张报纸夹缝中登载的一则精妙小故事，看得你旁若无人地大笑起来……生活中突如其来的快乐和惬意有很多，只要你有一颗随时准备接受快乐的心。

挣不到更多的钱，在别人去商场买这买那、出门旅游时，你就沏一杯茶在家里享受"清淡的闲暇"，不也很舒服自在吗？每天生活上的小事，也能成为构成快乐的要素。

其实在很多时候，我们抱怨生活，觉得生活乏味无趣，是因为我们太苛求生活了，在我们心目中总是对生活提出太高的要求，不肯接受生活真实的面目。只要我们摆正心态，告诉自己生活本来就是如此，有苦有甜，那么我们就会变得充实和乐观起来。

人们常说"熟悉的地方无风景"，其实并不完全正确。生活中蕴藏着的景色是无穷尽的，只要我们肯去发现，就会不断地有惊喜。人看事情本来就有两个面，负面看人生，事事都糟糕；正面看人生，处处有生机。一个人越能理解这一点，便越能减少抱怨，越能感受到生命的宝贵和人生的快乐。

不要让你的坏情绪随意冲出来

人常常分为两种：一种是理智型，还有一种就是情绪型。理智型的人通常在遇到和自己意愿相违背的事情时，会表现得很冷静。但是情绪型的人则动辄愤怒，完全不会考虑后果。请认真想想，你是哪种类型的呢？实际上，每个人都会有不良的情绪，而且就大多数以情绪主控自己的人来说，愤怒的情绪一旦产生，便会犹如火山爆发一样喷出来。于是伤人又伤己的事情便越来越多，最后便成了一种心理病毒。

三国时期，关云长因失守荆州，结果导致兵败而在麦城被杀。此事一下便激怒了刘备，刘备毫不犹豫地领兵攻打东吴，甚至就连众臣之谏都不听，因为此番举动确实有点大动干戈，很容易因小失大。正如赵云所说："国贼是曹操，非孙权也。宜先灭魏，则吴自服，操身虽毙，子丕篡盗，当因众心，早图中原……不应置魏，先与吴战。兵势一交，不得卒解也。"诸葛亮也上表谏止曰："臣这等切以吴贼逞奸诡之计，致荆州有覆亡之祸；陨将星于斗牛，折天柱于楚地，此情哀痛，诚不可忘。

但念迁汉鼎者，罪由曹操；移刘祚者，过非孙权。窃谓魏贼若除，则吴自宾服。愿陛下纳秦宓金石之言，以养士卒之力，别作良图。则社稷幸甚！天下幸甚！”可是刘备看完众人的履谏后，把表掷于地上，愤愤地说：“朕意已决，无得再谏。”于是便执意起大军东征，结果正如大家所言，最终导致兵败。

其实，在生活中，像这样的例子还有很多。在任何时候都喜欢爆发怒火的人，一般都容易让大事成为败局。因为在这种不冷静的状态下所做出的事情，往往只会让人丧失行动的判断力，从而导致失败。

不管愤怒也好，还是其他的坏情绪也罢，如果我们不能够克制住的话，就很容易让我们在前方的行程中吃亏。即便是当看到自己不喜欢的人或事物时，也要学会控制自己的不良情绪，特别是对于那些本身脾气就不好的人。

很多时候，我们只要稍停一下，然后试着在心底留下几分钟缓解一下自己的情绪，就可以抚平心中波澜起伏的坏情绪。只要你意识到，别人有权以不同于你所希望的方式说话、行事时，你就会对世事采取更为宽容的态度。对于别人的言行，你或许不喜欢，但也不要动不动就迁怒或者不耐烦，这样只会让别人觉得你非常不好相处，这样一来，其他人也就会慢慢地和你疏远，最终让你在人际关系上留下一个大的空缺。

杰瑞是一位保险业务员。他身上最大的一个缺点就是不耐烦，虽然他口才极佳，但是只要客户跟他磨蹭几遍，他的情绪便会失控，而且还会催促客人，等客人走后，他还会在背后大声地议论对方。

有一次，他去拜访一位客户，由于被工作所累，他显得有点精神颓废，但是为了完成自己的本职工作又不得不尽力。结果很可惜，谈论了大半天，本来他觉得自己和客户已经可以达成协议了，但却并没有成功地拿下订单。最后听到客户的意愿后，他立马开始口舌相向起来："早知道你对产品这么没兴趣，我就不该在你身上浪费这么多的时间。本来我们就已经说好了这次交谈的事情，您不仅迟到，最后还浪费我这么多时间。"说完，他拍桌子就走人了。当月的业绩总量统计下来后，虽然杰瑞遥遥领先，但是他却收到了一封惩处信，原来，那位客户对他进行了投诉，而且还要上告他所在的公司强制客户购买产品，这样一来，杰瑞的奖金不但泡汤了，而且还得再次登门拜访以求客户的原谅。

同所有的坏情绪一样，愤怒不会无缘无故地产生。每当你气得失去理智时，你或许就处在一种不为自己所知的暂时心浮气躁的状态。所以在这种情况下，当你遇到不合意愿的事情时，就会告诉自己：事情不应该是这样的，于是你感到沮丧、灰心；然后便会做出自己所熟悉的愤怒的反应，因为你认为这样会让你暂时得到一种问题已被解决的假想。

畅销书《秘密》中讲述了一个关于心想事成的秘密："你生活中所发生的所有事情，都是你自己吸引来的，是你头脑中所想象的图像吸引来的。那些事情都是你的思想所导致，不管你脑中想什么，你都会把它吸引过来。”

既然坏情绪都是我们自己一手所造成的，那么我们为何不看得更开一些呢？生活中的很多事情，换个角度，换个心情，看法就会完全不同。决定快乐的不是环境，而是心境。如果我们选择快乐，那么快乐就会围绕在我们身边；反之，如果我们的眼里只有烦恼，那么烦恼就会越积越多，直至让我们难以负荷。

所以，从容地去面对生活中的小事，那样我们才能真正地克制住自己的坏脾气，让自己能够从生活中获取更多的美好。其实，我们的心很小很小，但是这个世界又太大太大，只要我们能适当地筛选自己的心情，每个人都会收获到属于自己的一片美丽世界。很多时候，我们只要稍停一下，然后试着在心底留下几分钟缓解一下自己的情绪，就可以抚平心中波澜起伏的坏情绪。

别让自己活得太累

“生活真是太累了！”常听一些人说出这样的话。其实，生活本身并不累，它只是按照自然规律、按照它本身的规律在运转。说生活太累的人是他本人活得太累了。

是啊，生活的涵盖量太大了。生活在这个世界上，你要为衣、食、住、行去奔忙，要去应付各种各样的事，要去与各种各样的人相处。可谁又能保证你所接触的事都是好事，你所遇到的人都是谦谦君子呢？即使是上帝掌握在你手中，恐怕也不会那么幸运。所以，生活中必然有喜有悲，有幸运之神也会有不幸的降临。人也是如此，有君子就有小人，有高尚之士就有卑鄙之徒。事物都是相对而生的，否则生活又怎么能称之为生活呢？只有将各种各样的事、各种各样的人糅合在一起，才能构成色彩斑斓的世界。也只有这样的生活，才是有滋味的。

在生活中，面对着各种各样不合自己心意的事，与各种各样不与自己性格相符的人相处，你会采取什么样的态度呢？是坦然、磊落、轻松地对待，还是谨小慎微，抬头怕顶破天，走路怕踩到蚂蚁呢？值得告诉大家的是，不要让自己长期生活在紧张、压抑之中，不要让自己的琴弦绷得太紧，也就是别活得那么累。必要的时候，放松一下自己，轻松地活着。

生活毕竟是公平的，对谁都一样，没有绝对的幸运儿，更没有彻底的倒霉鬼，你有这样的不幸，他也有那样的烦心事；别人有那样的好机会，你还会有这样的好运气。所以，千万别把自己说得那么悲惨，更不要把自己缠绕在自己织的网中挣扎不出。

感觉生活太累的人一般都是一些胆小怕事者。每说一句话都要考虑别人会怎么看待自己，会不会因为这句话而伤害某人；每做一件事都要瞻前顾后，生怕因为自己的举动会带来不好的影响。工作中，对领导、同事小心翼翼，生活中对朋友、邻居万分小心，真是连个臭虫都不敢打死的“谨慎”之人。其实，你的周围有那么多人，而每个人的脾气都不一样，你不可能做到使每个人都满意。即使你样样谨小慎微，还是有人对你有成见。所以只要不违背常情，不失自己的良心，那么挺起胸膛来做人做事，我想效果恐怕要好得多。

感觉活得太累的人往往不能很好地调整自己，每遇不幸之事发生时，不能辩证、乐观地去看待。而且容易对生活产生悲观想法，似乎世界末日就要来临了。哪怕是看电视时看到国外发生了地震，死了许多人，也会紧张得要命，夜里不得安睡，总是疑心地球要爆炸了，说不定哪天自己就上西天了。你说，这不是杞人忧天吗？

如果长此以往，总是生活在心情沉重、感情压抑之中，那将是非常可怕可悲的事。处处都要考虑得失，时时都要注意不必要的小节，你还有更多的时间去干大事，去成就你的大事业吗？回答当然是否定的。因为你连很小的一件事都要左思右虑，时间就在你的犹豫中溜走了。也许，当你老了的时候，你回过头来会发现自己是那么渺小，两手空空，一事无成。到那时，只有眼看着五彩斑斓的人生变成黑白的了。

时刻感觉生活太累的人，必然看不到生活中光明的一面，更感觉不到生活的乐趣。因为他的眼睛统统用来盯住自己周围狭小的一点空间而无暇顾及他事。而且，他的生活是非常被动的，因为他不愿主动去做什么，生怕天上飞鸟的羽毛砸到自己。这样的生活不会是幸福的，更没有快乐可言。

活得累的人很少有幽默感，更不会去放松一下自己，唯恐别人以为自己对生活不严肃。

活得累的人就像身上穿着一件厚重的铠甲：既不能活动自如，又不能脱去它，因为它太沉了，压在身上重达千斤。活得累的人就像永远戴着一副面具，这副面容在人前谨小慎微，在人后愁眉苦脸。真是太累了，让人喘不过气来。既然活得累是件很痛苦的事，既然生命对我们来说又是那么宝贵、那么短暂，我们何不换一种活法，活得轻松、幽默一点，努力去感受生活中的阳光，把阴影抛在后头。

林肯的书桌角上总有一本诙谐的书籍放在那里，每当他抑郁烦闷的时候，便翻开来读几页，不但可以解除烦闷，而且还能使疲倦消除。乐观地对待生活，将使你充满自信。美国富翁柯克在51岁那年把财产全部用完了，他只得又去经营、去赚钱。没多久，他果然又赚了许多钱。他的朋友因此很奇怪，问他道：“你的运气为什么总是这样好呢？”柯克回答说：“这不是我的幸运，乃是我的秘诀。”朋友急切地说：“你的秘诀可以说出来让大家听听吗?”柯克笑着说:“当然可以，其实也是人人可以做到的事情:我是一个快乐主义者，无论对于什么事情，我从来不抱悲观态度。就是人们对我讥笑、恼怒，我也从不变更我的主意。并且，我还努力让别人快乐。我相信，一个人如果常向着光明和快乐的一面看，一定可以获得成功的。”

是的。乐观、豁达可以使人信心百倍，即使是天大的困难，也能够克服。

多一点幽默感!那将使你觉得生活乐趣无穷。有人说中国人是不会笑的民族，这实在是一种侮辱。中国人性格虽然拘谨一些，但不会拘谨到不会笑的程度。当然了，幽默并不等于耍贫嘴，一个油嘴滑舌的人并不一定有幽默感，相反，一个性格拘谨的人如果遇事豁达，则必定有不少幽默细胞。做人就应该多培养点幽默感，这是人类的特性之一。人生中有那么多不如意的事，能够有点幽默感，日子岂不好过得多。

笑对人生，万事都能处之泰然。这样，你就能活得轻松多了。

感恩是一种生活态度

所谓感恩，是我们每个人与生俱来的本性，它是深藏于我们内心的一种优秀品质，也是一种人们感激他人对自己所施的恩惠并设法报答的内在心理需求。

众所周知，感恩节最初始于美国。1621 年的秋天，远涉重洋来到美洲的英国移民为了感谢上帝赐予的丰收和印第安人的帮助，举行了 3 天的狂欢活动。从此这一习俗就延续下来。

后来，在 1863 年，林肯总统把感恩节正式宣布为美国的法定假日。因此，美国人每逢 11 月份的第四个星期四都要隆重庆祝一番。这一天，全家人围坐在餐桌旁，面对有火鸡、南瓜派的丰盛大餐，进行餐前祈祷和感恩。这时，每个人都会怀着感激之情细说值得他们感恩的事。

在感恩的氛围中，人们对许多事情都可以平心静气；在感恩的氛围中，人们可以认真、务实地从最细小的一件事做起；在感恩的氛围中，人们自发地真正做到严于律己，宽以待人；在感恩的氛围中，人们正视错误，互相帮助；在感恩的氛围中，人们将不再感到孤独……

感恩既是一种美好的品质，更是一种人们对美好生活的追求。简单地说，感恩就是去感谢恩人，这是一种生活态度。怀着感恩的心，感恩面前一切美好的事物，那么生命便会创造出人间奇迹。现在许多新新人类都乐此不疲地与“世界接轨”，尽情地过着情人节、愚人节、母亲节、父亲节、圣诞节，却没有想到过感恩节。他们视幸福为天然，认为生活本来就应该是这个样子。他们大手大脚花父母亲的血汗钱，对父母的馈赠从不言谢，对朋友的帮助少有谢意，稍有不如意便大发牢骚，总觉得世界欠自己的太多，社会太不公平，动辄诉诸暴力，或以死相威胁。这样一不小心就走入两个极端：或者目空一切，或者内向自卑。

人们的这些心理偏差，都十分迫切需要感恩思想到心灵深处来一次灵魂的洗礼。因为，感恩可以消解内心所有的积怨，感恩可以涤荡世间一切的尘埃。“感恩的心”是一盏对生活充满理想与希望的导航灯，它为我们指明了前进的道路；“感恩的心”是两支摆动的船桨，它将我们在汹涌的波浪中一次次争渡过来；“感恩的心”还是一把精神钥匙，它让我们在艰难过后开启生命真谛的大门。拥有一颗感恩的心，能让你的生命变得无比的珍贵，更能让你的精神变得无比崇高。

试想一下，我们大家是否经常抱怨自己父母工作太忙而忽视了我们的存在？此时，你不妨用那颗感恩的心，来挖掘父母为我们所做的一点一滴。渐渐地，感恩的心就会取代抱怨。其实有的时候，快乐很简单，只要你拥有一颗感恩的心，你便会发现身边值得感恩的一点一滴。感恩的心看似无形，却很有必要，因为许多无法弥补错误的造成往往是因为忽略了那颗感恩的心。抱怨对人生永远是个负数，如果我们关注的是正确的东西，生活便能得到实质性的改善。感恩是一种处世哲学，感恩是一种歌唱方式，感恩是一种生活的大智慧，感恩更是学会做人的支点。生命的整体是相互依存的，每一样事物都依赖其他事物而存在。无论是父母的养育、师长的教诲，还是朋友的关爱、大自然的慷慨赐予……我们无时无刻不沉浸在恩惠的海洋中。感恩，是一个人的内心独白，是一片肺腑之言，是一份铭心之谢……所以感恩应该年年、月月、时时、刻刻、分分、秒秒。

只要我们能够拥有一种感恩的思想，它就可以提升我们的心智，净化我们的心灵。你感恩生活，生活将赐予你明媚阳光；你若只知一味地怨天尤人，其结果也只能是万事蹉跎。在水中放进一块小小的明矾，就能沉淀出所有的渣滓；如果在我们的心中培植一种感恩思想，那么就可以沉淀出许多浮躁、不安，消融许多不满与失意。因为感恩是积极向上的思考和谦卑的态度，当一个人懂得感恩时，便会将感恩化作一种充满爱意的行动，实践于生活中。同时，感恩也不是简单的报恩，它更是一种责任、自立、自尊和追求一种阳光人生的精神境界。一个人会因感恩而感到快乐，一颗感恩的心，就是一颗和谐的种子。

让我们大家都怀有一颗感恩的心吧，这样就能发现生活的美好，世界的美丽，就能永远快乐地生活在真情的阳光里！

第八章

未来可期，成就美好的明天

不仅要敢于梦想，更要敢于跟着梦想走

著名精神分析学家弗洛伊德认为，梦想是人愿望的达成。不同的人在不同的成长阶段和不同的境遇中，需求不同，所要达成的愿望也不同，梦想也就不一样。假如你被自己的某个梦想吓了一跳，认为那简直是不可能的，请你先不要放弃，坚持下去，努力朝梦想迈进，宽阔而精彩的人生舞台可能就在前面等着你。

社会心理学家马斯洛把人的需求分为五个层次，依次为生理、安全、社会交往、尊重和自我实现。不同的梦想激励人们不断跨越障碍，追求自身的发展，并推动社会的进步。

王强是一个很普通的乡下孩子，因为没考上高中而来到城里做起了厨师学徒。和所有的年轻人一样，王强在工余时间也常去网吧里玩。一次，他正在一家网吧上网，忽然间电脑系统出了故障，网吧里的人只能等着网吧技术人员来维修，但是足足过了20分钟还没有修好，这时有的人退钱走了，不想走的索性就坐在沙发上发牢骚。网吧老板安慰大家说：“每家网吧都会出现这样的情

况，这是行业通病，没办法的！”说者无心，听者有意。王强心想，既然每家网吧都会出现这样的问题，那如果开一家专门面向网吧的电脑维修公司，不就有很大的市场吗？

从那一刻起，王强对电脑的兴趣就从上网、玩游戏转到了系统、程序上。半个月后，他用足足两个月的工资到一家计算机学校报了名，开始学起了网页设计、办公软件等电脑知识。师兄弟们纷纷在背地里取笑他说：“一个连高中都没有上过的农村孩子，还想从事什么电脑行业，简直是痴人说梦！”王强的师父也不止一次地提醒他认真学做菜才是他应该做的事情，甚至还因为他两头忙而狠狠地批评了他。但是这些都没有动摇王强追求梦想的决心，他心里面总是想着那个空白的市场，想着成立一家为网吧服务的电脑公司。

为了不让师父生气，他尽量做到不迟到不早退，把所有学电脑的时间都安排在业余时间里。因为勤奋和努力，他的电脑水平一直在学校里名列前茅。后来，一家企业到学校招聘一位比较优秀的学员，学校很自然地推荐了王强。王强再三考虑之后，辞掉了厨师的工作，去了那家企业上班。王强边工作边总结，电脑技术变得更加熟练，但半年后，他因为在工作中出现了重大失误而被辞退了，一下子跌入了失业的深渊。

在自责和反省中，王强在一家网吧里找到了一份工作，负责维护系统、检修服务器、安装游戏、寻找页面、做网页设计。一年多的时间里，王强对网吧流程、设备维护、网络管理等方面了如指掌，于是他决定辞职自己干。他打印了许多宣传单，给网吧做电影更新，给毕业学生做视频简历。可是当时大家对这种简历的认可度不高，而且费用也不低，他坚持了半年鲜有顾客，只能关门大吉。就这样，王强第一次创业失败了。

这时，他那些做厨师的师兄弟们非常善意地对他说："算了，心不要太高，好好做厨师吧，那些事情不是你这样的人能做的！"

王强感谢师兄弟们的关心，但并没有因此而改变自己的梦想。他觉得电脑越来越普及，各地的网吧更是如雨后春笋般冒出，所缺少的正是他这类拥有专业技术的人。王强再次打印了一些宣传单，发给一些网吧，又从朋友那里借来电脑、硬盘和其他一些专业工具，最后到旧货市场买了一张旧写字台，就成立了一家小型网络公司，并且采用了免费试用的宣传手段来吸引客户。没多久，一家网吧老板试用了他的服务，一周后，这位老板决定用4000元一次性购买他的电脑网络系统维护产品。

得到这家网吧的认可，不仅使王强做成了第一笔生意，更为他打造了一个业务示范模本，就这样第二笔、第三笔生意紧接而来。

10年时间过去了，王强已从当初的厨师学徒转变为一家大型网络公司的老板，公司的办公地点也从出租房移到了写字楼，技术队伍更发展到了30多人，能从事多项网络技术服务，每年的经营利润非常可观，客户范围也延伸至企事业单位的电脑、网络维护、网络安全管理等。

“只有想不到，没有做不到”，在生活中，有太多的人在心中给自己加上了一把锁——我只能做这样的事！一位厨师学徒和开办电脑公司之间几乎没有任何关联，但正是这一梦想，为这位年轻的厨师学徒营造出了一个人生和事业的大舞台。很多人都认为创业最需要的是资金，其实创业最需要的是像王强一样敢于为梦想付出努力的勇气和胆量，哪怕这个梦想跨越了眼前的现实！

保持梦想，享受动力给你带来的快乐

举世闻名的国际巨星史泰龙，在尚未成名之前，其实是一个穷困潦倒的小伙子。但是史泰龙没有放弃，他下定决心，一定要成为好莱坞的明星。于是史泰龙就去拜访好莱坞的电影公司，把自己的电影剧本给他们看，并告诉他们自己要演戏中的男主角。

那时，好莱坞共有大约500家大大小小的电影公司，史泰龙逐一拜访，但是没有一家电影公司愿意录用他，他总共经历了1 855次严酷的拒绝和冷嘲热讽。但是史泰龙却并不在意，他觉得这些拒绝和嘲讽远不能打败他的梦想。

最后，总算有一家电影公司的经理为史泰龙的精神所感动，愿意采用他的剧本进行尝试，并聘请他担任自己剧本中的男主角，这部片子就是《洛基》!

从此之后，史泰龙一炮打响，他演的每一部片子都十分卖座，奠定了他国际巨星的地位。回忆起1 855次面试失败的经历，史泰龙对记者说："当我心里有个梦想的时候，无论处于怎样的困境，无论别人如何嘲笑我，我都不介意；相反，我十分快乐地追求着我的梦想。看，我成功了！”

梦想就是一种希望，梦想就是一种信念，梦想就是相信明天会比今天更美好。可能会有人说梦想是超现实的，是不切实际的，但是别忘了，爱因斯坦也曾被人指责太爱做白日梦。不要因为别人的几句冷言冷语就让自己的梦想之火熄灭，梦想是你自己的事情，梦想是否适合自己只有自己知道，不要遭受别人的否定就轻易丧失信心，不要对梦想持一种鄙夷或不屑的看法。我们从童年到老年，谁也不能离开梦想而生活。当遇到挫折的时候，想象一下成功后的景象，这种放眼长远、相信明天会比今天更好的信念将会赐予你无穷的动力。毋庸置疑，信念是成功的强大动力。绝境，只有对于消极悲观的人才是绝境，而对于乐观的人来说，绝境只是一个可以让人得到锻炼的难关。只要眼光够远，在阴云密布中看得到太阳的光芒，在漆黑的夜里会看得见亮光的闪烁，总有一天，你会从丑小鸭变成白天鹅，真正地从绝境中飞起来。

战国时的大谋略家张仪，游说诸侯，陪着楚国丞相喝酒，结果丞相家里丢了玉璧，那些门客就诬告张仪，说是他偷的，结果把张仪抓起来严刑拷打，好不容易才被放回家去。张仪的妻子见了，悲伤不已地说：“你要不是读了书，非要去游说诸侯，又怎么会受到这样的凌辱呢？”

张仪听了，笑着问：“你看我的舌头还在吗？”

张妻哭笑不得地回答说还在，于是张仪满怀信心地说："这就足够了。"

果然，没过多久，张仪就西入秦国，凭借出众的才智，被秦惠王任为客卿，次年，张仪出任秦国置相后的第一任相国，位居百官之首。张仪拜相后，积极为秦国谋划。他采用连横术迫使韩、魏太子来秦朝拜，攻取魏国蒲阳，又游说魏惠王，不用一兵一卒，使得魏国把上郡15县，包括少梁一起献给秦国。此后，张仪又率军夺取富饶的巴蜀天府之国，辅佐秦惠文君称王，秦国国事日益强盛。张仪也因功封得五邑，号称武信君。

张仪运用雄辩的口才，诡异的谋略，纵横捭阖，游说诸侯，凭借外交手段，采用连横策略，"散六国之从，使之西面事秦"，使秦国国威大张，为秦国的霸业和将来的统一奠定了基础。

历史不能重演，但我们在现实生活中，有时真的可以从历史中吸取养料。如果张仪不是对自己的事业充满理想，对自己的目标以及实现这一目标的能力充满坚定的信念，又怎么能完成日后的宏图大业呢？一个人需要花上一生的时间去追寻自己的梦想，不惜一切代价去实现，是的，他甚至可能一生都实现不了自己的梦想，可无论如何，他也比没有梦想的人强上百倍。要知道，追寻梦想的人生，就必然有收获，必然有快乐，这也许就是梦想成就人生的起点。

所以，给自己一些希望去大胆想象未来吧，给自己一些自信敢于去尝试吧，也许这样会有意想不到的奇迹出现。自信有助于克服困难，而梦想则有助于我们保持这种自信，这是我们保持积极向上的动力。

相反，如果一个人没有梦想、没有希望，就像航行在海上的轮船看不到灯塔的指引一样，容易迷失方向；也会像汽车没有了汽油一样失去了前进的动力，只能停步不前。这是多么令人遗憾的事！

追随梦想，也就是追随奇迹

薛瓦勒是一名乡村邮差，每天徒步奔走在乡村之间。有一天，他在崎岖的山路上被一块石头绊倒了。他起身，拍拍身上的尘土，准备继续走。可是他突然发现绊倒他的那块石头样子十分奇异，他拾起那块石头，左看右看爱不释手。于是，他把那块石头放在了自己的邮包里。他回家后疲惫地躺在床上，忽然产生了一个念头，如果用这样美丽的石头建造一座城堡，那将会多么迷人。于是，他每天在送信的途中寻找石头，每天总是带回一包奇形怪状的石头，但这样带回来的石头数量太少，远远不够建造一座城堡。于是，他开始推着独轮车送信，只要发现中意的石头都会往独轮车上装。

从此以后，他再也没有过上一天安逸的日子。白天他是一个邮差和一个运送石头的苦力，晚上他又是一个建筑师，他按照自己天马行空的思维来建造自己的城堡。对于他的行为，所有人都感到不可思议，认为他的精神出了问题。20 多年的时间里，他不停地寻找石头、运输石头、堆积石头，在他偏僻的住处，出现了许多错落有致的城堡。当地人都知道有这样一个性格偏执、沉默不语的邮差，在做一些如小孩子筑沙堡一般的游戏。

1905年，法国一家报纸的记者偶然发现了这群低矮的城堡，这里的风景和城堡的建筑格局令他叹为观止。他为此写了一篇介绍文章，文章刊出后，薛瓦勒迅速成为新闻人物。许多人都慕名前来参观城堡，连当时最有名的毕加索都专程前来参观薛瓦勒的建筑。

现在这个城堡已成为法国最著名的风景旅游点之一，它的名字叫作“邮差薛瓦勒之理想宫”。在城堡的石头上，薛瓦勒当年的许多刻痕还清晰可见，有一句就刻在入口处一块石头上：“我想知道一块有了愿望的石头能走多远。”据说，这就是当年绊倒薛瓦勒的那块石头。

是啊，一块有愿望的石头到底能走多远呢？事实上，那座令人惊叹的城堡就是最好的回答。其实，与其说那些城堡是用石头建造的，不如说是邮差薛瓦勒用梦想建造的。

其实，我们生活的这个世界正是用梦想创造出来的。正因为有了飞行的梦想，才会有飞机翱翔长空；正因为有了远航的梦想，才会有巨轮劈波斩浪……真的，对梦想的执着追随，将会创造出令人惊叹的天地。

一粒花种，追随梦想就能盛开出一个春天；一株树苗，追随梦想就能成长为一片森林；一滴水珠，追随梦想就能汇聚为一片海洋。追随梦想，便是追随奇迹。

用当下的积累换取未来的成功

千里之行，始于足下，无论多么宏大的目标，都需要我们从现在做起。只有不断地努力在当下，当机会来临的时候，才能成功。所以，我们应该珍惜当下时光，用当下的积累换取未来的成功。

成功的机会只会给那些有准备的人，所以每个人都应该有危机意识，因为储藏和准备的功夫就必须依靠当下的积累。人生的技能若充足完备，面对问题的能力才会比较强。就好比打仗，所谓“毋恃敌之不来，而恃吾有以待之”，当所谓的好运就是机会来临时，你已做好了万全的准备。

大多数人的生命之所以卑微、渺小，原因就在于他们对于自己的生命所下的资本太轻，在能力、教育、思想、才能、智力、体力、训练等方面所下的功夫太浅。

当下的积累就是给人生的银行里存款，如果你不愿意在你的生命中放些什么进去，当然，你就无法从生命里取出些什么来，这也是很公平的。在每个人的生命当中，总有几次大的机会降临，你是否能抓住机会，全靠你有无能力的储藏和准备，而你所储藏的能力又是否足以应对所遭遇的问题。

一个人能否成功，完全取决于当下的积累。

香港海洋动物园里有一条重达 8600 千克的大鲸鱼，能够跃出水面 6.6 米，还能向游客们表演各种杂技。

面对这条创造奇迹的鲸鱼，游客们纷纷向训练师请教训练秘诀。训练师说，最初开始训练时，他们先把绳子放在水面下，使鲸鱼不得不从绳子上方通过，每通过一次，鲸鱼就能得到奖励。渐渐地，训练师会把绳子提高，只不过每次提起的幅度都很小，大约只有 2 厘米，这样鲸鱼不需花费太大的力气就有可能跃过去，获得奖励。而时常受到奖励的鲸鱼，很乐意接受下一次训练。随着时间的推移，鲸鱼跃过的高度逐渐上升，最终竟然达到了 6.6 米。

训练师训练鲸鱼成功的诀窍就是每次让它进步一点点。可是这微不足道的一点点积累起来，天长日久就是不得了的进步。

俗话说：冰冻三尺，非一日之寒。说的都是一个道理，成功需要积累。

现代社会是一个充满竞争的时代。在现实世界里，每个年轻人都有梦想，都渴望成功，但获得成功的人依然是少数，智大才疏往往是阻碍年轻人成功的最大障碍。他们看到的只是成功人士功成名就时的辉煌，却往往忽略了他们在此之前所进行的艰苦卓绝的努力。而事实上，人世间没有一蹴而就的成功，任何人都只有通过不断的努力才能凝聚起改变自身命运的爆发力。

天道酬勤，水滴石穿。无数事实证明，成功需要积累，需要积累经验，需要积累能力，需要积累成绩，而这一切都离不开恒心和坚持。任何微小的量变，只要能坚持不懈地朝着一个方向努力，最终必将导致质的飞跃。一个人若能每次进步一点点，持之以恒，天天向上，就一定能积小胜为大胜，变平庸为神奇，掌握成功钥匙，实现人生价值，创造辉煌业绩。古今中外无数成功人士都是这样走过来的。

20 世纪最初的几十年里，在太平洋两岸的美国和日本，有两个年轻人都在为自己的人生努力着。

日本人每月雷打不动地坚持把工资和奖金的 1/3 存入银行，尽管许多时候他这样做会让自己手头拮据，但他仍咬咬牙照存不误。有时甚至借钱维持生计也从来不去动银行的存款。

相比之下，那个美国人的情况就更糟糕了，他整天躲在狭小的地下室，将数百万根的 K 线一根根地画到纸上，贴到墙上，接下来便对着这些 K 线静静地思索，有时他甚至能面对着一张 K 线图发呆几个小时。后来，他干脆把自美国证券市场有史以来的所有记录搜集到一起，在那些杂乱无章的数据中寻找规律性的东西。由于没有客户挣不到薪金，许多时候这个美国人不得不靠朋友的接济勉强度日。

这样的情况在两个年轻人的世界里各自延续了 6 年。

6 年的时光里，日本人靠自己的勤俭积蓄了 5 万美元的存款；美国人集中研究了美国证券市场的走势与古老数学、几何学的关系。

6年后，日本人用自己在艰苦岁月里仍坚持节衣缩食积累财富的经历打动了一名银行家。从银行家那里获得了创业所需的100万美元的贷款，创立了麦当劳在日本的第一家分公司，从而成为麦当劳日本连锁公司的掌门人。他叫藤田。

同样是在6年后，美国人成立了自己的经纪公司，并发现了最重要的有关证券市场发展趋势的预测方法，他把这一方法命名为“控制时间因素”。他在金融投资生涯中赚取了5亿美元的财富，成为华尔街上靠研究理论而白手起家的神话人物。他叫威廉·江恩。

他们成功的途径虽然不同，但有一点是一致的，他们的成功来自不断的积累，他们正是通过当下的努力换来了成功。

勇于挑战自己，实现人生梦想

人与人之间、强者与弱者之间、成功者与失败者之间，最大的差别就在于意志力的不同。一个人一旦拥有了强大的意志力，就能战胜自身的各种弱点。在人生的漫漫征途中，有的人失败了，有的人则取得了成功，究其原因，前者被自己打败，而后者却能击败自己。一个人要挑战自己，靠的不是投机取巧和耍小聪明，而是信心和勇气。

在海洋深处，一只龙虾与寄居蟹在深海偶然相遇，寄居蟹看见龙虾正把自己的硬壳脱掉，露出了娇嫩的身躯。寄居蟹非常奇怪，它关心地问道："龙虾，你怎么可以把唯一保护自己身体的硬壳也放弃呢？难道你不怕有大鱼一口把你吃掉吗？以你现在的情况来看，连急流也会把你冲到岩石上去，到时你不撞死才怪呢！"

龙虾气定神闲地回答："谢谢你的关心，但是你不了解，我们龙虾每次成长，都必须先脱掉旧壳，才能生长出更坚固的外壳，现在面对的危险，只是为了将来发展得更好而做准备。"

寄居蟹细心思量了一下，自己整天只找可以避居的地方，而没有想过如何令自己成长得更强壮，整天只活在别人的庇护之下，难怪永远都难有大的发展。

一个拥有信心和勇气的人，自然而然地就会在内心形成一股强大的意志力，挑战自己也就不在话下。如果一个人能战胜自己，那么，世界上就再没有任何事情能难倒他。

人生最大的挑战就是挑战自己，自己是最难战胜的。一位作家说："自己把自己说服了，是一种理智的胜利；自己被自己感动了，是一种心灵的升华；自己把自己征服了，是一种人生的成熟。能征服自己的人，就有力量征服一切挫折。"

齐藤竹之在57岁那年欠下了一笔巨债，为了谋生，他成了一家公司的人寿保险推销员。从事保险工作非常辛苦，每天都要东奔西走，更何况他又上了年纪。但是他却不服老，他告诉自己一定要成为公司里的首席推销员。自从定下了这个目标之后，他便开始拼命地工作。5年之后，也就是在他62岁那年，他实现了那个目标，赢得了该公司"首席推销员"的称号。但他并不满足，而是把目光投向了世界，要与那些世界级的顶尖推销高手竞争，他要赶上并超过他们。于是，他更加拼命地工作。凭着这种信念和超强的毅力，终于在1958年，他创下了成交量的世界纪录，实现了自己的梦想。

我们在追求自己的梦想时，会遇到很多艰难险阻。对成功人士而言，无论是成功前还是成功后，他们每天也同样要面对很多困难，就像家家有一本难念的经一样，不要认为别人都是一帆风顺的，而自己却处处遭遇挫折，只有那些能战胜自己的人，才能成为最终的胜利者。

要想战胜自己显然绝非易事，得意时容易忘形，失意时容易自暴自弃。一般人很难不受外部因素的影响，矛盾、冲突、失意等在生活中随时都会发生，这时如何调控自己的情绪就非常有必要了。发生在心外的事比较好应付，发生在心中的事则较难处理。这需要我们自我排解、自我平衡。在观念上要想到这是种种机缘相互作用产生的结果，自己仅是其中的因素之一，并不是唯一的因素，所以无法掌控，这样一想，情绪自然会慢慢平静下来。在方法上则要做些自我约束与宁心的功夫，若能随时随地安心安身，便是真正战胜了自己。